Alfred Zehe

HERRAMIENTAS ANALITICAS DE INTERFASES SOLIDAS

intercon verlagsgruppe ivg

© 2002 intercon Verlagsgruppe Dresden, Bundesrepublik Deutschland
Alle Rechte zur Verbreitung, elektronische Datenträger und
auszugsweiser Nachdruck sind vorbehalten.
Herstellung: Books on Demand GmbH; Norderstedt
ISBN 3-8311-3262-3
www.libri.de
Printed in Germany

Alfred Zehe · Herramientas Analíticas de Interfases Sólidas

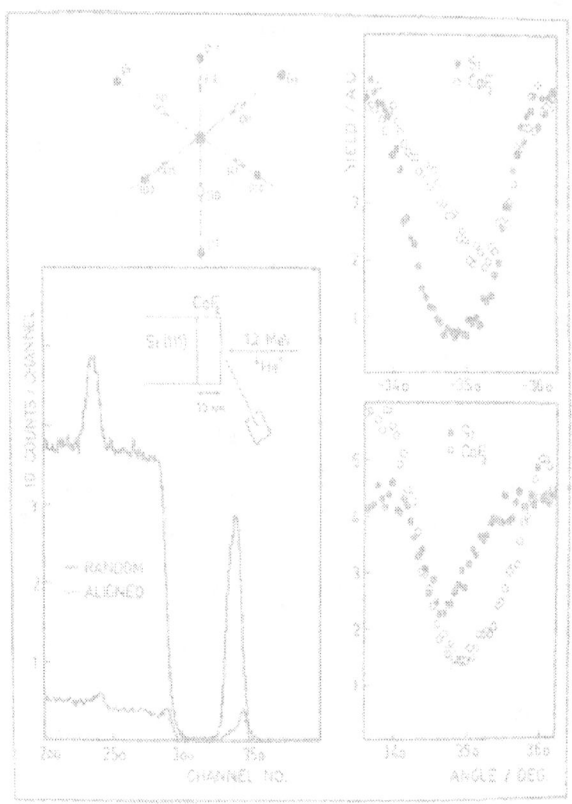

*Gráfica en el trasfondo de la portada tomada de
A. Tempel y A. Zehe: Solid State Communications
vol. 69, no. 2, pp. 151-153 (1989)*

Se dedica esta obra a los jóvenes exploradores de la investigación científica en las Ciencias Físico-Matemáticas de la Benemérita Universidad Autónoma de Puebla en México, -los integrantes del LAFIESO en el ICUAP de los años 1970/80-, que por su incansable entusiasmo cimentaron los pilares para la fundación del hoy renombrado Instituto de Física 'Luís Rivera Terrazas'.

INDICE

Prólogo			9
Introducción			11
Cap.	**1.**	**Métodos espectroscópicos de masa**	13
	1.1	SIMS - Espectrometría de masa de iones secundarios	15
	1.2	SNMS - Espectrometría de masa neutra pulverizada	27
	1.3	FABMS - Espectrometría de masa por bombardeo rápido atómico	33
Cap.	**2.**	**Métodos de dispersión**	37
	2.1.	ISS - Espectrometría por dispersión de iones	39
	2.2	RBS - Espectroscopía por retrodispersión	49
Cap.	**3.**	**Métodos de rayos X y difracción de electrones**	65
	3.1	XRD - Difracción de rayos X	67
	3.2	EXAFS - Estructura fina extendida en la absorción de rayos X	77
	3.3	XSW - Ondas estacionarias de rayos X	87
	3.4	XDT - Topografía por difracción de rayos X	95
	3.5	RHEED - Difracción de electrones reflectados de alta energía	105
Cap.	**4.**	**Métodos espectroscópicos de electrones**	115
	4.1	XPS - Espectroscopía de fotoelectrones por rayos X	117
	4.2	UPS - Espectroscopía de fotoelectrones por UV	129
Cap.	**5.**	**Métodos ópticos y de microscopía**	139
	5.1	STM - Microscopía de escaneo por tunelamiento	141

5.2	TEM - Microscopía electrónica de transmisión con alta resolución	147
5.3	Elipsometría	155
5.4	Métodos de interferencia	165
5.5	Espectroscopía láser para análisis y control	179

Literatura (Lectura adicional avanzada)   181

Anexos   195

Indice alfabético   203

Prólogo

Las estructuras de capas tomadas de estratos ultradelgados hasta llegar a las capas monoatómicas han conquistado un lugar preponderante entre los objetos de investigación de la Física de los Cuerpos Sólidos y han llevado a sentar las bases de la "Física Nanométrica". Pero dichos sistemas de capas delgadas no sólo han encontrado acogida en la investigación básica sino también en la investigación aplicada e inclusive en el ámbito de la producción industrial. En este caso, el primer lugar lo ocupa la electrónica de semiconductores, aunque también en otros ámbitos (v.g. espejos de rayos X a partir de superredes metálicas; en óptica, sistemas dieléctricos de capas) ha estado creciendo el interés en sistemas de capas de corte exacto. Por lo tanto, un detallado análisis de capas debe estar incluido en las imprescindibles condiciones previas para llevar a cabo sistemas de capas de acuerdo a como se desea.

La exitosa ubicación de los átomos mediante el microscopio de efecto túnel abre posibilidades de -en el futuro- construir inclusive estructuras moleculares dentro de los cuerpos sólidos. En el presente compendio se abordarán algunos métodos de análisis. La selección se efectuó a partir del nivel de interés existente respecto a la nanoelectrónica y la electrónica de semiconductores donde preponderantemente se tienen que analizar capas monocristalinas de alta perfección y limpieza.

El análisis de los cuerpos sólidos es un proceso en el cual una "sonda" interactúa con el objetivo y la correspondiente "respuesta" del cuerpo sólido se registra en las partículas (portadoras de información) por él emitidas. Puede lograrse entonces una alta sensibilidad superficial si es que las partículas de sonda sólo penetran un poco en el cuerpo sólido o las portadoras de información poseen una mínima profundidad de salida. En el compendio se han ordenado los métodos de análisis de acuerdo con las portadoras de información.

En primer lugar se describirán los métodos en los cuales se detectan iones (SIMS, SNMS, FABS, ISS, RBS), continuándose con los procesos que utilizan el efecto fotoeléctrico externo; esto es, emisión de electrones por irradiación (XPS, UPS). Más adelante se presentarán procesos con rayos X (XRD, EXAFS, XSW, XDT), esto para acceder por último al proceso de reproducción de la microscopía de electrones (STM, HRTEM).

El editor agradece las valiosas contribuciones de los colaboradores de la Cátedra de Física de Vacío en la Universidad Técnica de Dresden, y de la Cátedra de Investigación de Materiales Electrónicos en la Benemérita Universidad Autónoma de Puebla. Para una revisión del manuscrito y la inclusión del capítulo 5.5 se agradece especialmente al Dr. Volkmar Brückner de Leipzig.

También se agradece a los alumnos de la Facultad de Ciencias de la Computación de la BUAP, Araceli Fernández Cortés, Eduardo Ramírez Solís y a J. Miguel Camacho Téllez por el apoyo técnico para esta publicación.

Puebla 2001   Prof. Dr. Dr.h.c. Alfred F. K. Zehe

Introducción

Uno de los objetivos principales de la analítica de superficies es la determinación de la naturaleza de los elementos químicos en la capa externa de un sólido. Además se requieren a menudo conocimientos de detalles estructurales, estados de ligazón y de la homogeneidad. Propiedades y procesos, como lo son la contaminación, adsorción, adhesión, oxidación, pasivación, interdifusión, dopaje, crecimiento de cristales y epitaxia, pueden ser controlados solamente por la analítica de superficies, interfaces y de capas delgadas con una resolución especial de alta precisión.

La pregunta por ¿Qué es una superficie? puede ser contestada de muchas maneras diferentes. La interface entre el sólido y el vacío forma una entidad dos-dimensional, en que la superficie 'física' se presenta como la capa atómica más externa del sólido. Evidentemente la composición química de tal superficie corresponde a la composición del mismo sólido. En la práctica, tal superficie no se mantiene estable a lo largo del tiempo, sino participa en reacciones físico-químicas con la fase gaseosa del ambiente. Consecuentemente consiste una superficie del 'mundo real' en una capa contaminada (a menudo un óxido) de 5 a 10 nanómetros de espesor y con una cierta rugosidad. Esta superficie se mantiene estable en condiciones de temperatura ambiental y se le llama 'superficie práctica'. No obstante, del punto de vista físico tal 'superficie' ya es una capa delgada.

Casi todas las técnicas analíticas tienen alguna sensibilidad hacia la profundidad del sólido, a pesar de que la mayor parte de la información producida surge de la primera capa, la superficie física del sólido, la analítica de superficies e interfaces y la analítica de capas ultra-delgadas tienen una fuerte interrelación. El deseo de lograr una caracterización en 3 dimensiones (3D) requiere tanto una técnica de alta resolución lateral como de alta resolución vertical hacia la profundidad de la película. La siguiente figura muestra bloques de sensibilidad lateral y perpendicular de unos métodos analíticos. La microscopía electrónica en transmisión (TEM) adquiere su capacidad analítica por la espectroscopía de pérdida de la energía de electrones en transición (TEELS), o bien, por el análisis de la dispersión de rayos X. El método STM genera una imagen del arreglo atómico en la superficie, aunque sin análisis químico. El método de microanalítica a nivel atómico más poderoso es la microscopía de iones por campo (FIM), pero requiere una preparación muy sofisticada de la muestra, que limita su rango de aplicación amplio.

Obviamente el estudio de superficies exige condiciones no afectadas por contaminantes del ambiente. Esto significa, que la presión parcial de gases reactivos, como el CO, H_2O, $C_X H_Y$, etcétera, debe ser tan bajo, que durante el tiempo de medición no se modifica el estado químico y geométrico de la superficie. Tal entorno se logra cómodamente dentro de una cámara de alto vacío. Suponiendo ser uno el coeficiente de adherencia de una especie de átomos en el gas que choca con la superficie, se forma una monocapa completa ya dentro de un solo segundo, si la presión parcial de esta especie en la cámara es de 10^{-4} Pa. Los métodos de análisis requieren bastante más tiempo que solamente un segundo para llegar a la caracterización confiable de la superficie. Si se piensa en algo como mil segundos (o bien, 15 a 20 minutos) para el proceso de medición, la presión en la cámara de vacío no debe superar 10^{-7} Pa, correspondiente al rango de ultra alto vacío.

Capítulo 1

Métodos Espectroscópicos de Masa

    SIMS   pág. 15

    SNMS   pág. 27

    FABMS   pág. 33

Capítulo 1

1.1 SIMS - Secondary Ion Mass Spectrometry

Espectrometría de Masa de Iones Secundarios

1.1.1 Principio físico

La superficie del cuerpo sólido es bombardeado con un haz de iones (iones de gas inerte O_2^+, O^-, Cs^+, Ga^+, In^+, y una energía de $5 \cdot 10^2$ a $5 \cdot 10^4$ eV). La partícula primaria provoca en el cuerpo sólido una cascada de choques que conduce a la emisión de partículas neutras, de radiación electromagnética, así como de electrones e iones (iones secundarios). Los iones son transmitidos a un espectrómetro de masa y analizados. Se comprueban iones de elementos, moléculas y fragmentos (clusters) que se originan durante la pulverización.

Espectrómetro de masa (Filtro de masa)

Se emplean espectrómetros de masa cuadripolos, mismos que en general permiten la separación de masas adyacentes (M/ΔM = 1000) y espectrómetros de masa de alta resolución, doble focalización con una resolución de masa de M/ΔM = 6 000. Con ello se pueden evitar interferencias entre los iones analizados y los fragmentos (cluster) cargados de igual carga específica.

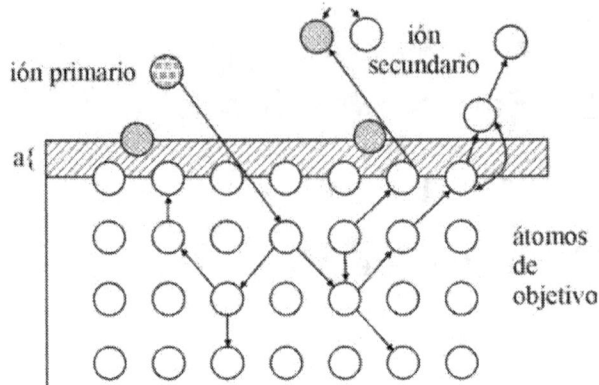

Fig. 1.1 Representación esquemática del proceso de emisión durante el bombardeo con iones primarios de la superficie de un cuerpo sólido en el rango keV. (tomado de H. Düsterhöft).

Los iones son comprobados a la salida del filtro de masa mediante un multiplicador de electrones secundarios y un dispositivo de conteo. La distribución lateral de los elementos y compuestos sobre la muestra se puede obtener mediante exploración de la muestra con un haz de iones de focalización fina (Fig. 1.2) o con aparatos de reproducción directa (Fig. 1.3), dos variantes de espectrómetros de masa.

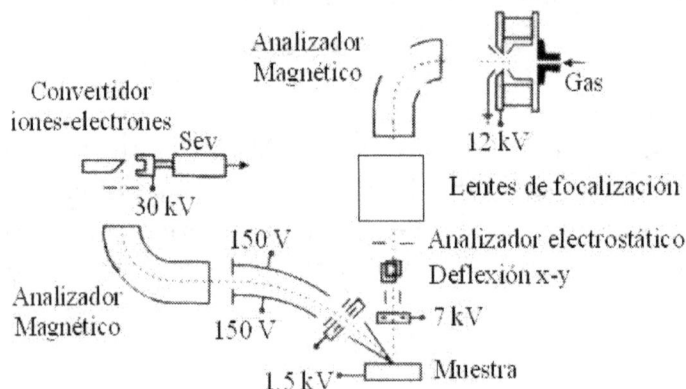

Fig. 1.2 Principio constructivo del analizador de masa-micromuestra de ión. (tomado de H. Liebl, J. Appl. Phys. 38 (1967), 5271).

Métodos Espectroscópicos de Masa

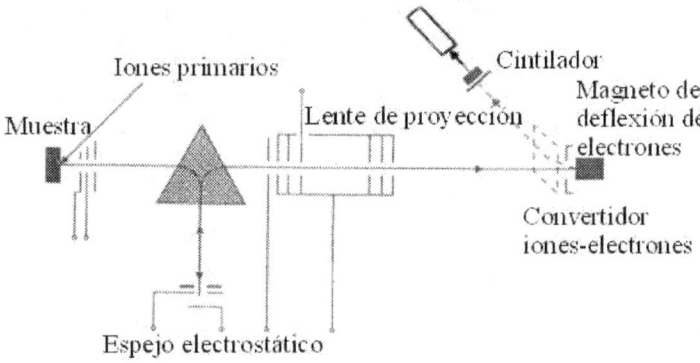

Fig. 1.3 Principio del microscopio de iones CAMECA.

1.1.2 Ejecución técnica con equipo

En la práctica se distinguen dos principales variantes de ejecución:

a) Espectrometría estática de masa de iones secundarios (SSIMS)

- Análisis cualitativo de elementos, isótopos y compuestos en superficies.

b) Espectrometría dinámica de masa de iones secundarios (DSIMS)

- Análisis cualitativo y cuantitativo de materiales homogéneos (perfiles de dotación en semiconductores, impurezas).

- Análisis cualitativo y cuantitativo de materiales heterogéneos (capas, sistemas de capas, inclusiones, cortes (saques)).

- Análisis de superficies colindantes.

- Examen de perfiles profundos.

- Examen de la distribución lateral de elementos y compuestos en superficies.

Dependiendo del tipo de la sonda (fuente de los iones primarios), manipulación de la muestra y proceso de medición para los iones secundarios, se pueden variar en márgenes muy amplios los tamaños técnicamente registrables.

La fuente de iones suministra densidades de corriente de algunos nA/cm^2 (SSIMS) hasta varios 100 $\mu A/cm^2$ (DSIMS). La energía iónica asciende a 500 ... $2\cdot 10^4$ eV. Dependiendo del tipo de ion se emplearán fuentes con ionización de choque de iones (para gases), ionización superficial (*para Cs*) y emisión de iones de campo (para metales). En el caso de altas exigencias en cuanto a limpieza del haz primario, los iones pasan por un filtro de masa.

El haz de iones, generalmente reticulable, para evitar los efectos de orilla de cráter, cae en un ángulo cualquiera (frecuentemente 60 ° debido a que allí se tiene la máxima pulverización) sobre la superficie. Los iones secundarios emitidos llegan hasta un filtro de masa después de pasar por un filtro de energía (para la separación de partículas neutras, electrones y fotones).

Parámetro	Efecto físico	Tamaños de ámbitos de influencia
Energía iónica	Profundidad de penetración	Grado de pulverización, efecto de radiación, resolución en profundidad, diámetro del haz
Corriente de iones	Número de los procesos de choque	Corriente de iones secundarios, velocidad de desintegración, efectos de radiación, temperatura de muestra
Tipo de ion	Probabilidad de los choques	Probabilidad de representación de los iones secundarios, tipo de los iones secundarios, efectos radiación (implantación)
Ángulo de incidencia	Proceso de penetración, posible formación de canales	Grado de pulverización, canalización

Tabla 1. Variaciones relativas a la sonda (iones primarios).

Tipo de manipulación	Efecto físico	Informes posibles
Estado superficial (adsorción/desorción/ segregación)	Variaciones sólo en la superficie	Elementos, compuestos en la superficie; variación de la estructura electrónica de la superficie.
Remoción de capas	"extracción" de estructuras que se hallan a más profundidad	Información con respecto a estructuras de profundidad
Calentamiento	Variación de las propiedades físicas	Difusión, desorción, transiciones de fases

Tabla 2. Manipulaciones de la muestra.

Magnitudes a medir	Información
Tipo de ion	Análisis elemental cuantitativo. Comprobación de compuestos (método de huella digital)
Corriente de iones	Análisis elemental cuantitativo. Comprobación de la variación de la estructura de los electrones o bien del ambiente químico
Distribución de energía de IS	Separación de iones de elemento, de molécula y fragmentos (cluster) habiendo igual carga específica. Información sobre mecanismo de la pulverización
Distribución de ángulo de IS	Estructura cristalina. Información sobre macanismo de la pulverización

Tabla 3. Análisis masa-espectroscópico de los iones secundarios (IS).

La espectrometría misma demanda condiciones de alto vacío. La contaminación de la superficie por interacción con el gas residual exige o bien condiciones UHV o bien una densidad de corriente de iones primarios que sea tan grande que el grado de pulverización predomine sobre el grado de adsorción del gas restante. La última opción se utiliza solamente en aparatos de alto grado de pulverización.

Calibración de la escala de masa

La escala de masa se puede verificar generalmente a mano mediante iones clave de suficiente intensidad (muestra, iones primarios, metales alcalinos). La asignación de líneas de masa a determinados iones se complica en caso resolución mínima del espectrómetro (menor o igual a una unidad atómica de masa) a causa de interferencias.
Para esta situación se han desarrollado varios programas para la identificación automática de picos.

1.1.3 Sensibilidad y resolución

SIMS permite comprobar todos los elementos y diferenciar los isótopos. La corriente de iones secundarios se determina, para un isótopo dado, esencialmente a través del producto proveniente de la concentración y de la probabilidad de ionización. La probabilidad de ionización varía, dependiendo del número de orden y del estado químico del elemento atomizado, en cerca de 5 órdenes de magnitud. Por ello el límite de comprobación se determina sobre todo a partir de la probabilidad de ionización. Mediante acciones especiales (bombardeo con oxígeno o metales alcalinos, adición de oxígeno) se puede alcanzar una alta sensibilidad de comprobación.
Para los análisis de volumen el límite teórico se ubica en el rango de ng/g, tratándose de análisis superficiales de cerca de 10^{-6} capas monocapas. El límite de comprobación práctico se ve reducido por posibles interferencias entre el ion analizado y los fragmentos (cluster) cargados de igual carga específica.

Resolución de profundidad

La resolución de profundidad se determina mediante una serie de factores (tabla 4). Mediante estos efectos la resolución de profundidad del DSIMS se ve reducida a 2 ... 10 nm.
Tratándose del SSIMS se puede concluir de esto que las informaciones en caso de dosis iónicas mínimas (aprox. 10^{13} cm^{-2}) provienen de la capa atómica superior. En el caso de dosis mayores también aparecen aquí daños de haz.

Métodos Espectroscópicos de Masa

	La resolución de profundidad se ve influida:
Por la muestra	La rugosidad y forma de la superficie. Agudeza del perfil a medir. Profundidad de información del método (los iones provienen de ambas posiciones atómicas superiores)
Por el instrumento	Homogeneidad del haz primario
Por la Interacción ion-blanco	Estadística del proceso de pulverización, pulverización predominante, implantación, orientación de cristales, defectos en cristales, transporte inducido por bambardeo (mezcla de cascada, implantación de retrochoque)

Tabla 4: Factores que influyen sobre la resolución de profundidad.

Resolución lateral

El límite físico de la resolución lateral se determina mediante la medición de la cascada de choque en el cuerpo sólido y asciende a 5 nm. De manera práctica, la capacidad de resolución se determinará mediante los parámetros del aparato de medición. Utilizando aparatos de resolución directa se alcanza una resolución de aproximadamente 1 μm. En la operación de exploración se determinará la capacidad de rastreo mediante el diámetro del haz primario. Se alcanzan valores de < 1 μm, pretendiéndose obtener diámetros de haz de 50 nm.

1.1.4 Limitaciones, exigencias para la muestra, combinabilidad con otros métodos, problemas dependiendo del tipo de aparato, problemas de interpretación.

Limitación

SIMS es en el régimen dinámico un método destructivo, la muestra (el área de la muestra analizada) se destruye al momento del análisis.

Requisitos de la muestra

Mínima rugosidad. Es posible el examen de aislantes. En caso de un cargamento más intenso por la corriente de iones, esta puede compensarse mediante bombardeo de electrones.

Combinación típica con otros métodos

Los equipos de SIMS dinámicos son generalmente aparatos de una sola función. Para la calibración de la escala de profundidad en el DSIMS normalmente se efectúa el dimensionamiento después de medir el cráter utilizando el proceso de corte de contacto o interferométricamente. Para la medición de la profundidad del cráter durante el bombardeo de iones pueden utilizarse métodos interferométricos. Los aparatos SIMS para el examen de reacciones superficiales se combinan con uno o varios métodos de análisis sensibles a superficies. Sin embargo es indispensable contar con condiciones UHV.

Información física y confiabilidad de los resultados

La valoración cuantitativa de las mediciones SIMS se complica actualmente por las todavía insuficientes representaciones sobre la emisión de iones secundarios.

La mayoría de los planteamientos para el análisis cuantitativo parten de la utilización del oxígeno como ion primario. El bombardeo conduce a la formación de una capa superficial rica en oxígeno, estabilizándose así la emisión de iones secundarios.

Los procedimientos para el análisis cuantitativo hacen uso de estándares externos en forma de muestras estándar de composición conocida mediante la implantación de iones, estándares ya elaborados y partículas intersticiales. Los análisis semicuantitativos sin el uso de estándares son posibles para cumplir con la función de adaptación al utilizar el modelo *LTE*.

Fiabilidad de la interpretación

a) La identificación de tipos de iones a través del numero de masa requiere, debido a la aparición de fragmentos de iones (cluster), de una cierta experiencia de parte del operador. Si el elemento analizado posee varios isótopos, la distribución de éstos es un medio auxiliar de vital importancia para la identificación. En caso de interferencias de diferentes iones de igual masa, la proporción real de los tipos de iones en particular se puede determinar por cálculo.

b) En el caso de experimentos SIMS-estáticos se puede, a partir de variaciones de la intensidad de los iones secundarios, sacar conclusiones solo sobre las modificaciones producidas en la estructura de los electrones o sobre el ambiente físico. El tipo de variación no puede determinarse sólo a partir de los experimentos SIMS.

c) El esfuerzo invertido para el análisis cuantitativo es considerable.

Se han logrado las siguientes exactitudes:

- Oligoelementos en monocristales (v.g. elementos de dopamiento en rango de concentración de 10^{18} - 10^{21} cm^{-3}; exactitud entre el 5 ... 20 %; escala de profundidad de algunos nm).

- Oligoelementos en películas metálicas homogéneas delgadas (en rango de concentración de algunos ng/g, exactitud: Factor 2 con *LTE*).

- Análisis superficial en vidrios (exactitud 20 ... 30 % con factores de sensibilidad).

- Análisis superficial de metales policristalinos con cortes (exactitud 30 ... 50 %, escala de profundidad de aproximadamente 100 nm en profundidades de análisis de algunos μm).

En la mayoría de los casos la exactitud alcanzada se ubica dentro de un factor de 2 a 5 tratándose de análisis de trazas.

1.1.5 Ejemplos de resultados de medición

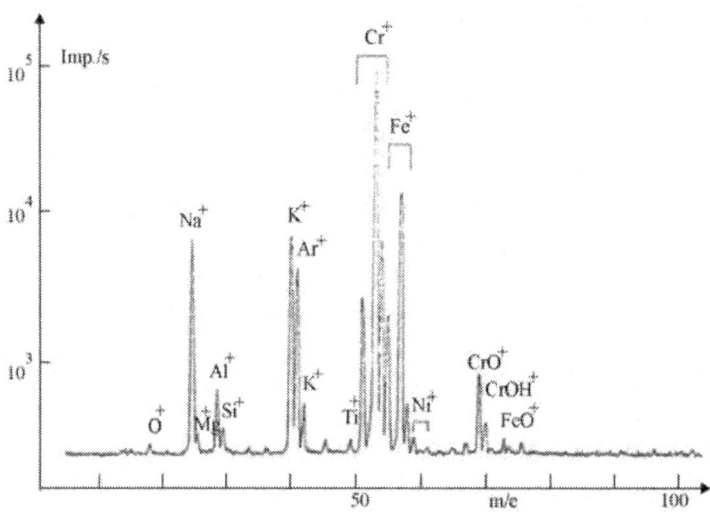

Fig. 1.4 Espectro típico de SIMS para una muestra de acero Cr-Ni en su estado inicial (sin tratamiento).

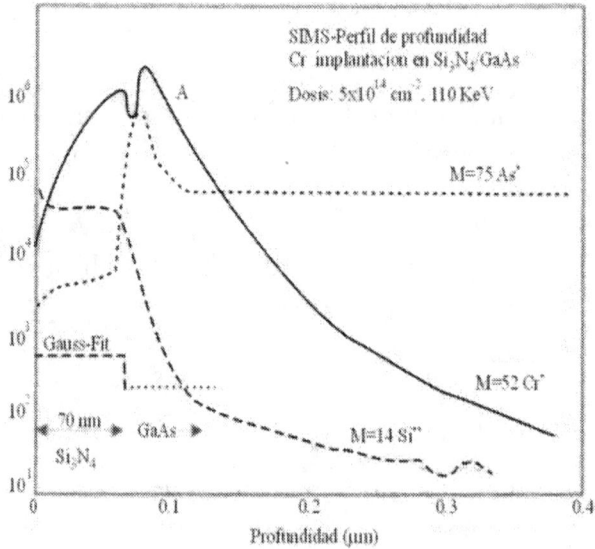

Fig. 1.5 Perfil de profundidad medido (—) y calculado (...) de Cr implantado en $Si_3N_4/GaAs$ (ion primario: O_2^+, $E_0 = 5.5$ keV).

1.1.6 Bibliografía

Anderle M.: *SIMS and SNMS depth profiling of III-V-compound samples*, Instituto per la Riverca Scientifica e Technoliga, S. 4 1993

Andersen C.A., Hintorne J. R.: *Anal. Chem.* 45 (1973), 1421

Antal J., Kugler S., Riedel M.: *Secondary Ion Mass Spectrometry SIMS III*, Springer Verlag Berlin 1982

Benninghoven A.: *Secondary Ion Mass Spectrometry*, Springer Verlag Berlin 1984

Briggs D.: *Handbook of static secondary ion mass spectrometry*, Wiley Verlag Chichester 1989

Briggs D.: *Surface analysis of polymers by SPS and static SIMS*, Cambridge Univ. Press, S. XIV, 198, Cambridge 1998

Castaing R., Slodzian G.: *J. de Microsc.* 1962, 393, Compt. Rend. 255 (1962), 1893

Czanderna A.W. (Ed.): *Methods of Surface Analysis*, Elsevier, Amsterdam 1975

Düsterhöft H.: *Einführung in die Sekundärionenmassenspektrometrie „SIMS"*, Teubner Verlag Leipzig 1999

Düsterhöft H.: *Sekundärionenmassenspektrometrie*, in: O. Brümmer (Herausg.): *Festkörperanalyse mit Ionen, Elektronen und Röntgenstrahlen*, Akademie-Verlag Berlin 1980

Grasserbauer M., Dudeck H.-J., Ebel M.: *Angewandte Oberflächenanalyse mit SIMS, AES und XPS*, Akademieverlag Berlin, 1986

Grasserbauer M.: *Angewandte Oberflächenanalyse mit SIMS Sekundär-Ionen-Massenspektrometrie*, AES Auger-Elektronen-Spektrometrie, XPS Röntgen-Photoelektronen-Spektrometrie, Springer Verlag Berlin 1986

Heinrich K.F.J., Newbury D.e.: *Secondary Ion Mass Spectrometry*, NBS Special Publication 427, Washington D.C. 1975

Holland R., Blackmore G.H.: *SIMS analysis of epilayers*, J. Cryst. Growth 68 (1984), 271

Leta D.P., Morrison G.H.: *Anal. Chem.* 52 (1980), 514

Liebl H.: *J. Appl. Phys.* 38 (1967), 5271

Mischler S.: *Studio della composizione di strati passivanti su leghe FeCreFe-CrMo tramite AES, XPS e SIMS*, Lausanne 1988

Riedel M., Glaser H., Radnauer F.G.: *Anal. Chem.* 54 (1982), 290

Tura i Soteras J.: *Estudi per techniques fisques d'anàlisi (SEM, EDX, SIMS, LAMMA, XRD I XRF) de microcristalls exògens i endògens i de traces metàlliques en patologia humana*, Inst. d'Estudis Catalans, Barcelona 1989

Werner H.W., Garten R.P.H.: *A comparative study of methods for thin film analysis*, Rep. Prog. Phys. 47 (1982), 221

1.2 SNMS - Sputtered Neutral Mass Spectrometry

Espectrometría de Masa Neutra Pulverizada

1.2.1 Principio Físico

De manera similar a como ocurre en SIMS se lleva a cabo un bombardeo de iones primarios, mismo que mediante un proceso de choques conduce a la emisión de partículas neutrales o de iones (ver cap. 1.1).

Las partículas atomizadas (partículas neutras de diferentes grados de excitación, iones) son ionizadas mediante una excitación externa a un porcentaje constante. Como fuentes de energía externa se utilizan choques de electrones, rayos láser y descargas de gas a baja presión.

Diferencias respecto a SIMS

- Relación simple y directa entre la señal SNMS y la composición de la muestra.

- Ningún efecto matriz por desacoplamiento de los procesos de emisión y ionización.

- Alta sensibilidad de comprobación para todos los elementos.

- El análisis cuantitativo de las superficies y adsorbatos es más sencilla y segura que mediante SIMS.

- Mediante la utilización de iones primarios de energías extraordinariamente bajas, puede disminuirse sustancialmente el transporte inducido por el haz.

De este modo SNMS se convierte en un método eficiente para la determinación de perfiles de profundidad con mayor exactitud y mas alta resolución de profundidad.

1.2.2   Realización a nivel de técnica de aparatos

La realización técnica se apoya en aparatos SIMS comerciales (fuente de iones, espectrómetro de masa, equipo de comprobación).
Antes de la abertura de la entrada del filtro de masa se encuentra el dispositivo de pos-ionización. La descarga de gas a baja presión con gas inerte es de lo más extensamente desarrollado desde el punto de vista técnico (excitación mediante alta frecuencia).
La pulverización de la muestra puede efectuarse mediante una fuente de iones convencional (Fig. 1.6 a). En este caso es también posible llevar el haz primario a través del plasma, lo cual es favorable para la operación de exploración (representación de la muestra).
Si la muestra se polariza contra una sonda ubicada sobre potencial de plasma, la muestra puede ser bombardeada mediante iones provenientes del plasma inerte (Fig. 1.6 b). Con ello se hace posible un bombardeo de mayor superficie a más baja energía, mismo que mejora sustancialmente la resolución de profundidad.
Con esta disposición son posibles SNMS (con dos diferentes excitaciones) y SIMS en el mismo lugar de la muestra.

Evaluación

En el caso de un estado de pulverización estacionario se pueden determinar concentraciones directamente a partir de las intensidades medidas a través de factores de sensibilidad obtenidos en muestras estándar.

1.2.3   Sensibilidad y resolución

Sensibilidad

El proceso de pulverización corresponde al del método SIMS. Mediante la pos-ionización (probabilidad $\leq 1\%$) se eliminan sobre todo las grandes diferencias entre los diferentes elementos y compuestos.

Métodos Espectroscópicos de Masa

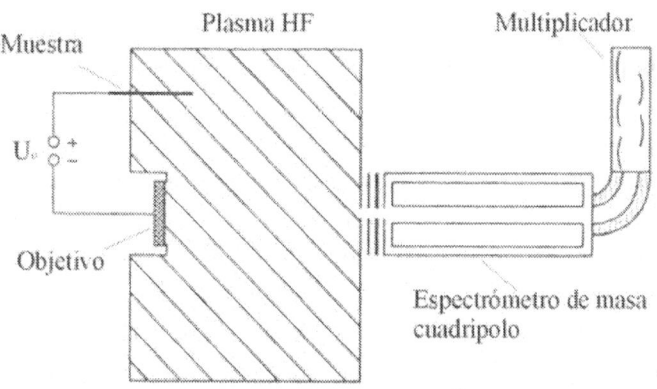

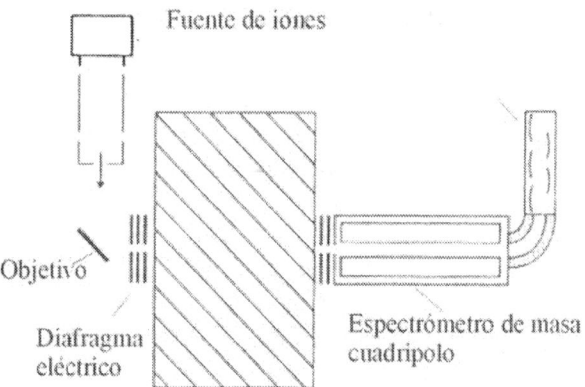

Fig. 1.6 Presentación esquemática de un sistema SNMS con pos-ionización mediante descarga de gas y pulverización a partir del plasma.
    a) según Leybold-Heraeus GmbH. SNMS-Sputtered Neutrals Mass Spectrometry, Firmenschrift, 1982.

    Leybold-Heraeus GmbH. Espectrometría de masa neutra en pulverización iónica SNMS, Manual de la Compañía 1982.

    b) con fuente de ión separada.

Para el límite de comprobación se especifican para SNMS y SIMS aproximadamente 10^{-6} monocapas. Mediante la pos-ionización esto puede lograrse, en el caso de SNMS, para todos los elementos. El límite de comprobación práctico se ve reducido por las posibles interferencias entre el ion analizado y clusters de igual carga específica.

Resolución de profundidad

La resolución de profundidad se ve determinada por múltiples factores (muestra, instrumento, interacción blanco-ion. Véase apartado SIMS, tabla 4). Estos factores son válidos también en el caso de SNMS. Si para la pos-ionización de las partículas pulverizadas se utiliza un plasma de gas inerte, la pulverización de la muestra puede efectuarse mediante los iones aspirados desde el plasma. Con ello se puede disminuir la energía de bombardeo hasta llegar a la energía umbral de pulverización (aproximadamente 50 eV). Con este proceso se han alcanzado resoluciones de profundidad del orden de nm.

Resolución lateral

Se aplican los mismos valores que en el caso de SIMS.

1.2.4 Limitaciones, requisitos de la prueba, combinabilidad con otros métodos, problemas de interpretación.

Limitaciones

- SNMS, al igual que SIMS, es un método destructivo. El área examinada de la muestra queda desgastada.

- Debido a posibles efectos de descarga, SNMS está indicado para aislantes solo de manera limitada.

Requisitos de la muestra y combinabilidad con SIMS.
Problemas de interpretación

a) Para la identificación de tipos de iones son válidos los mismos comentarios que en el caso de SIMS.

b) A partir de la pos-ionización las intensidades medidas son determinadas sólo mediante las concentraciones de los elementos; la exactitud de-

Métodos Espectroscópicos de Masa

pende de la reproducibilidad de las condiciones experimentales habidas durante la determinación de los factores de sensibilidad.

1.2.5 Ejemplo de resultados de medición

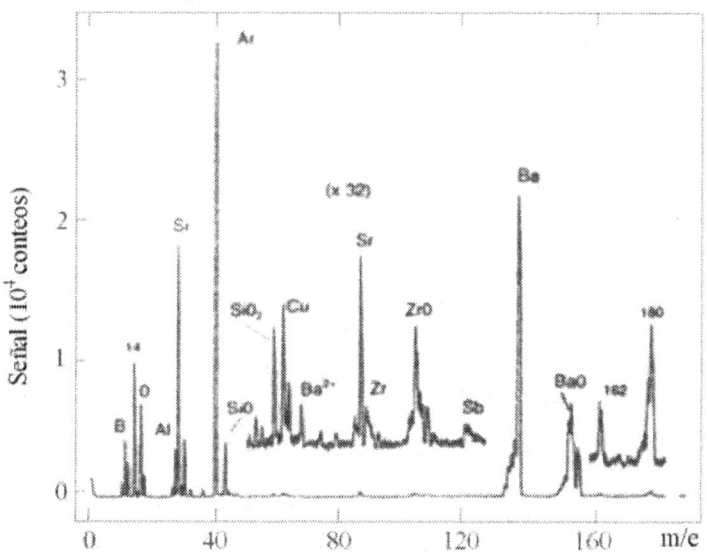

Fig. 1.7 Espectro SNMS de la cercanía de la superficie de una muestra de vidrio. Se reconoce la composición típica de este material (Según H. Oechsner, J. Vac. Sci. Technol. A3, 143 (1987)).

1.2.6 Bibliografía

Bock W.: *Untersuchungen zur Verbesserung der Nachweisempfindlichkeit und Quantifizierbarkeit von Elektronengas - SNMS, Universität Kaiserslautern,* Diss, ed Shaker, Aachen 1996

Günzler H.(ed.): *Laser, IMS, Ion Mobility, LIBS, Umweltanalytik, SNMS, Sensoren,* Springer Verlag Berlin 1997

Kinnock F.M., Baxter J.P., Pappas P.L., Kobin P.H., Winograd N.: *Anal. Chem.* 56 (1984), 12, 2782

Mootz Th.: *Energiedifferentielle SNMS-Untersuchungen zur Zerstäubung von Molybdän durch Stickstoffionen,* Univers. Kaiserslautern, Diss. Kaiserslautern 1995

Müller K.H., Seifert K., Wilmers M.: *J. Vac. Sci. Technol.* A3 (1985), 3/2, 1367

Oechsner H.: *SNMS and ist applications to Depth Profile Interface Analysis,* in „Thin Film and Depth Profile Analysis", ed. by H. Oechsner, Springer Verlag Berlin 1984

1.3 FABMS - Fast Atom Bombardment Mass Spectrometry

Espectrometría de Masa por Bombardeo de Átomos Rápidos.

1.3.1 Principio Físico

De manera similar a SIMS, un haz de partículas neutras rápidas (la mayoría de las veces átomos de gas inerte) es generado a partir de un haz de iones de la energía deseada. Los iones pasan a través de un ámbito lleno con el gas respectivo ($p \leq 10$ mPa). Una parte de los iones es neutralizada con los átomos de gas neutro a través del cambio de carga de resonancia, manteniendo no obstante su impulso original. (La descarga de iones en un paso estrecho de superficies metálicas (obturador, tamiz) ha sido utilizado para la generación de partículas neutras).

Proveniente de la zona de cambio de carga se produce un haz compuesto de una mezcla de partículas neutras e iones. Mediante el obturador se logra una mínima dispersión de la energía y del ángulo del haz. Los iones y las partículas neutras son separadas mediante un campo de deflexion (las más veces, electrostático).

El haz de partículas neutras no lleva ningún portador de carga a la muestra disminuyendo de esa manera el cargamento de muestras mal conductoras o aislantes.

La acción pulverizante de iones y partículas neutras es prácticamente el mismo. En los metales, los iones que se aproximan son neutralizados por interacción con las ramificaciones de electrones antes de alcanzar la muestra. El proceso de generación de iones corresponde al descrito para SIMS.

El método FABMS es similar a la espectrometria de masa por iones secundarios (SIMS). La diferencia sustancial reside en el bombardeo de la muestra con partículas neutras rápidas.

Mediante la utilización de partículas neutras se disminuye en alto grado o se evita que las muestras aislantes se carguen.

En las características restantes, FABMS corresponde ampliamente al SIMS.

1.3.2 Realización en cuanto a técnica de aparatos

La realización técnica está respaldada por espectrómetros comerciales de masa (filtros de masa, equipo de comprobación). La fuente de iones neutros corresponde en cuanto a construcción y a función a una fuente de iones convencional. Se han construido también fuentes de partículas neutras con haces reticulables de focalización fina.

Después de abandonar la fuente de iones, éstos llegan hasta la zona de cambio de carga, un ámbito de densidad de gas incrementada. Esta densidad de gas incrementada respecto a las partículas restantes del recipiente se mantiene mediante etapas de presión.

La extinción de los iones se efectúa generalmente a través de un campo electrostático.

La efectividad de la fuente de partículas neutras (la relación de la corriente de partículas neutras utilizables respecto a la corriente de iones empleada) alcanza aproximadamente 20 %.

Evaluación

Debido al complicado proceso de ionización se aplican aquí las mismas limitaciones que en el caso de SIMS.

1.3.3 Sensibilidad y resolución

Sensibilidad

Se alcanzan los valores de SIMS.

Resolución de profundidad y resolución lateral

Como en SIMS.

1.3.4 Limitaciones, problemas de interpretación

Son aplicables las mismas limitaciones que en el caso de SIMS; el examen de muestras aislantes es posible de manera ilimitada.

1.3.5 Bibliografía

Barber M., R.S., Bordoli, Sedgwick R.D.: *"Fast Atom Mass Spectrometry"*, en H. R. Morris (Ed.) *"Soft Ionization Biological Mass Spectrometry"*, Heyden, London 1981

Borchart G., Scherrer S., Weber S.: *Microchem.* Acta 2 (1981), 421

Caprioli R.M.: *Continuous-flow Fast Atom Bombardment Mass Spectrometry*, Wiley Chichester 1990

Eccles A. J., Van den Berg J. A., Brown A., Vickerman J. C.: *J. Vac. Sci. Technol.* A4 (1986), 4, 1888

Hermansson K.: *The structures of three bacterial polysaccharides and model studies on oligosaccharides and polyisoprenoids using NMR and FAB-MS*, Akademitryck Stockholm, Univ., Diss. Stockholm 1993

Hunt D.F.: *New Ionization Techniques in Mass Spectrometry*, en: *Proc. 9th Int. Mass Spectrometry Conference*, Int. J. Mass Spectrometry Ion Physics 454 (1982), 111

Klaus N., Vakuumtechnik 31 (1982), 106-8

Kokkonen P.: *Continuous flow Fast Atom Bombardment Liquid chromatography Mass Spectrometry in bioanalysis*, ed. s.n., ISBN: 951-42-3228-3, 1991

Kulik W.: *Tandem mass spectrometry studies of amino acids and oligopeptides using FAB ionisation*, Utrecht, Rijksuniv., Diss., Utrecht 1990

Pahlsson P.: *Studies on glycosphingolipids in tumor cell lines, by fast-atom mombardment mass spectrometry*, Lund Univ., Diss. Lund 1990

Ross M.M., Wyatt J. r., Colton R.J., Campana J.E.: *Int. Journ Mass Spectrom. Ion Physics* 54 (1983), 237

Capítulo 2

Métodos de Dispersión

ISS   pág. 39

RBS   pág. 49

Capítulo 2

2.1 ISS - Ion Scattering Spectrometry

Espectrometría por Dispersión de Iones

2.1.1 Principio físico

Un haz monoenergético paralelo de iones de baja energía llega a la superficie de la muestra y se dispersa de manera parcial, elásticamente, en procesos de choque binarios de los átomos de la capa superior. La energía E_{11} de las partículas dispersadas contiene informaciones sobre la masa de los átomos de la superficie. Debido a que la longitud de onda DeBroglie de los iones es mucho más pequeña que la amplitud del potencial de dispersión, se puede, independientemente del estado electrónico de las partículas, hacer el cálculo de manera clásica sobre la base del principio de la conservación de la energía y del impulso.

$$E_{11} = \frac{E_{10}}{(M_1 + M_2)^2} \cdot [M_1 cos\theta + (M_2^2 - M_1^2 sin\theta)^{\frac{1}{2}}]^2 \qquad (0.1)$$

E_{10} - Energía de los iones antes de la dispersión
E_{11} - Energía de los iones después de la dispersión
θ - Angulo de dispersión en el sistema del laboratorio
M_1 - Número de masa de los iones
M_2 - Número de masa de los átomos del objetivo.

Tratándose del procedimiento de dispersión a 90^0 empleado con frecuencia, la ec. 2.1 se simplifica así:

$$E_{11} = E_{10} \cdot \frac{M_2 - M_1}{M_1 + M_2} \qquad (0.2)$$

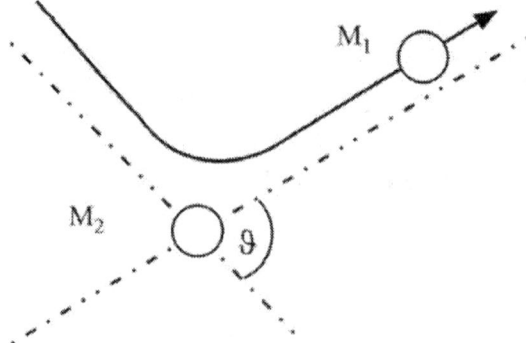

Fig. 2.1 Dispersión de un ion con la masa M_1 en un átomo superficial con la masa M_2.

2.1.2 Realización a nivel de equipo técnico

La muestra es bombardeada con un haz de iones monoenergético. Las energías típicas están entre $0.2 \text{ keV} \leq E_{10} \leq 3 \text{ keV}$. La mayoría de las veces se emplean iones de gas inerte He^+, Ne^+ y Ar^+. El haz de iones debe contener iones de una sola clase, los iones extraños tienen como consecuencia picos adicionales a causa de su masa diferente o bien a causa de su energía debido a un estado de carga diferente. Los iones no deseados son separados antes de que aparezcan en la muestra mediante un filtro de Wien o por otro medio. Los iones de dispersión de los átomos superficiales son detectados comúnmente por un analizador electrostático. Su poder de resolución de energía depende de la relación de la amplitud de apertura respecto al radio de análisis y respecto a la energía seleccionada. Debido a la extrema sensibilidad superficial se hacen necesarias condiciones UHV con presiones $1 \cdot 10^{-8}$ Pa, esto a fin de mantener lo más baja posible la absorción de los gases residuales sobre la superficie de la muestra durante la medición.

Informaciones a obtener

- Análisis químico de elementos en la superficie de cuerpos sólidos,
- Determinación de la estructura superficial,
- Informaciones respecto a la estructura electrónica,

Métodos de Dispersión

- Examen de reacciones superficiales (por ejemplo segregación, adsorción y reacciones químicas en superficies bien definidas).

Evaluación

Análisis cualitativo de elementos

Mediante la utilización de la ecuación (2.1) o de la ecuación (2.2) la escala de energía medida del espectro ISS puede ser reajustada de modo que sea posible una identificación de los átomos que se encuentren en la superficie. En este caso juega un papel importante la resolución limitada de masa M_2/M_2. Para una resolución lo más alta posible debe de seleccionarse la masa iónica M_1 cercana a M_2 ($M_1 \approx M_2$). Esta depende de la resolución de energía $\Delta E/E$ tanto de los espectrómetros como de la fuente de iones y de la resolución angular de la disposición al momento del experimento. Para su reducción son necesarios en parte esfuerzos bastante importantes a nivel de tecnología de aparatos. Esto es válido sobre todo para el campo de masas mayores. No obstante, la mayoría de las veces se trabaja en un campo de masa inferior (hasta aproximadamente $M=40$), con lo que con frecuencia tampoco es necesaria una resolución de $\Delta M_2 = 1$; de manera que la relativamente deficiente resolución de masa no limita la utilización de ISS para el análisis elemental en la mayoría de los casos prácticos.

Análisis cuantitativo de elementos

Si se parte del supuesto de un choque binario se calcula el valor N_{12} de los iones dispersados en la superficie y registrados por el espectrómetro, de modo que:

$$N_{12} = N_1 \cdot Y_{12} \cdot P^+ \cdot fC_2 \tag{0.3}$$

N_1 - Cantidad de los iones incidentes,
Y_{12} - Producto de la dispersión de los iones con la masa M_1 en los iones de objetivo de la masa M_2,
P^+ - Parte correspondiente a iones en las partículas dispersadas ($P^+ = 1 - P_n$, P_n es en este caso la probabilidad de neutralización),
f - Factor de transmisión del espectómetro,

La sección de dispersión puede calcularse a partir de la integral de dispersión. Se obtienen buenos resultados mediante la aplicación de los Potenciales de Thomas-Fermi para las masas pequeñas M_1 y M_2 ($M \leq 50$), o bien Potenciales de Born-Mayer para masas relativamente grandes.

Las dificultades mayores surgen al momento del cálculo de la probabilidad de neutralización. Además de la neutralización de Auger pueden manifestarse neutralizaciones de resonancia junto con el intercambio de cargas de cuasi-rresonancia.

La exactitud de los análisis que se basan en cálculos de primer principio está afectada por fallas relativamente grandes debido a las dificultades aducidas al momento de la determinación de las dimensiones en particular, de modo que por lo general se recurre a la comparación con estándares. Debido a la alta sensibilidad superficial del proceso los efectos matriz juegan un papel subordinado, de modo que en caso de una calibración con estándares es posible alcanzar una exactitud de $0.05 \leq C/C_0 \leq 0.1$.

Determinación de la estructura superficial

La alta probabilidad de neutralización P_n (0.999) y el recorrido corto libre promedio (10^{-4} nm) del ion en el cuerpo sólido dan como resultado una alta sensibilidad en el área de monocapas. La probabilidad para que un ion sea dispersado a partir de un átomo que no ha sido visto directamente por el haz primario es de $(P^+)^2$, esto es, que por ser tan pequeña es despreciable. De ahí que quedando algunos átomos en la sombra, éstos no contribuyan al espectro. Mediante una modificación de la geometría de dispersión (por ejemplo mediante giro) pueden hacerse visibles al haz de iones, de modo que al momento de la comparación de los correspondientes espectros puedan hacerse evidentes en la estructura superficial (ver ejemplo 1). En este caso no se requiere ninguna disposición periódica de los átomos superficiales como es el caso en el sistema LEED.

Estructura electrónica

Al darse una variación de la energía primaria se observan oscilaciones de intensidad en los picos. Estas dan información sobre las interacciones electrónicas entre los iones incidentes y los átomos del objetivo. Así, por ejemplo, el enlace químico en InAs da lugar a un comportamiento divergente del pico In respecto al pico correspondiente de In simple.

2.1.3. Sensibilidad y resolución

Sensibilidad

La sensibilidad para la comprobación de elementos sólo en mínima proporción depende del número de orden de los átomos a comprobar.

No comprobable: H
Sensibilidad típica: 10^{-3} monocapas.

Resolución de profundidad

Aproximadamente 0.3 nm.

Resolución lateral

Aproximadamente 100 μm (dependiendo del haz de iones).

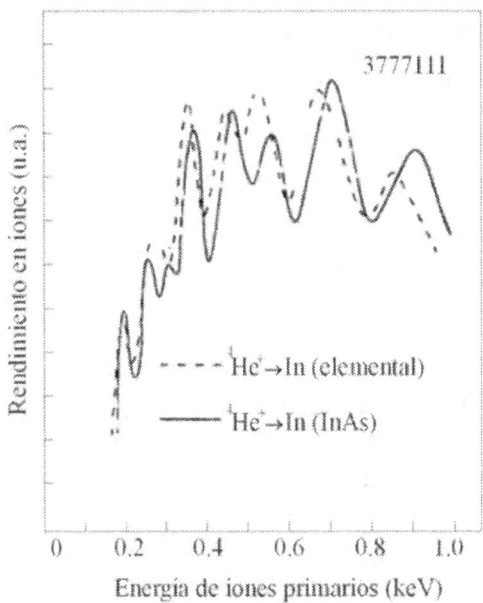

Fig. 2.2. Oscilaciones de la intensidad de los iones dispersados al haber alteraciones de la energía primaria para In simple e InAs.

2.1.4 Limitaciones, combinabilidad con otros métodos, requisitos de la muestra

ISS no proporciona ninguna información sobre el volumen de la muestra. Es muy sensitivo respecto a la superficie.

Requisitos de la muestra

Debido a la alta selectividad para la capa más exterior de los cuerpos sólidos, en el caso de ISS existen para la muestra altas exigencias respecto a limpieza. Las contaminaciones y capas adsorbidas deben de quedar completamente eliminadas, ya que de otro modo serán éstas las analizadas y no la superficie del cuerpo sólido propiamente dicha.

Métodos de Dispersión

Combinabilidad

ISS es un método en extremo selectivo en cuanto a la superficie, por lo que se acopla con diferentes procesos de análisis como LEED, AES, SIMS o la dispersión de iones de energía media, a fin de obtener información sobre cortes ubicados a profundidad.

Aspecto típico de un espectro ISS

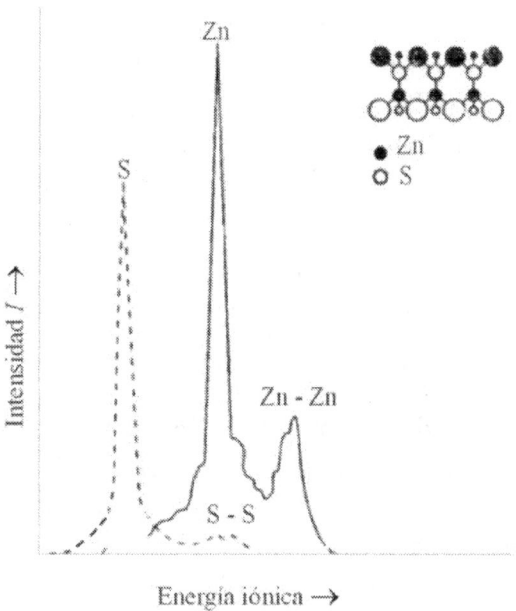

Fig. 2.3 Espectro ISS de ZnS a lo largo del plano ⟨111⟩ con picos típicos de choques simples (S, Zn) y choques dobles (S-S, Zn-Zn) [según Brongersma H.: Chem. Phys Lett. 19 (1973), 217].

Adsorbato O sobre Ag(110)

Un ejemplo típico para el examen de posiciones de adsorbatos lo muestra la figura 2.4. A partir de la pequeñísima señal O, en la dirección (100), puede verse que el átomo de oxígeno entre las capas superiores (110) y (120) de la superficie (110) de Ag ha sido adicionado.

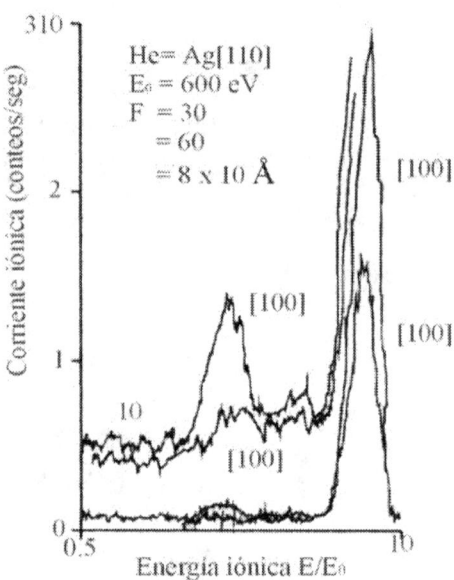

Fig. 2.4 Espectro ISS de He$^+$ en Ag(110) con una superestructura (2x1) de O. Medido de manera paralela a las capas (110) ó (100) sobre la superficie.

Composición química de capas superficiales

Dos muestras de aluminio son sometidas a oxidación de manera diferente [a) con 700 K, 2×10^{-6} Torr O_2, 5 min, o bien b) exposición de 500 L O_2 con RT y después como a)]. Los espectros XPS de un óxido de aproximadamente 4 ML (ML = monocapas) de espesor apenas si son diferentes. Las diferencias en la composición superficial no son visibles. Los espectros ISS muestran por el contrario, que también la capa está oxidada de manera estequiométrica (caso a), mientras que en el caso b) está presente en la superficie un óxido reducido.

Métodos de Dispersión

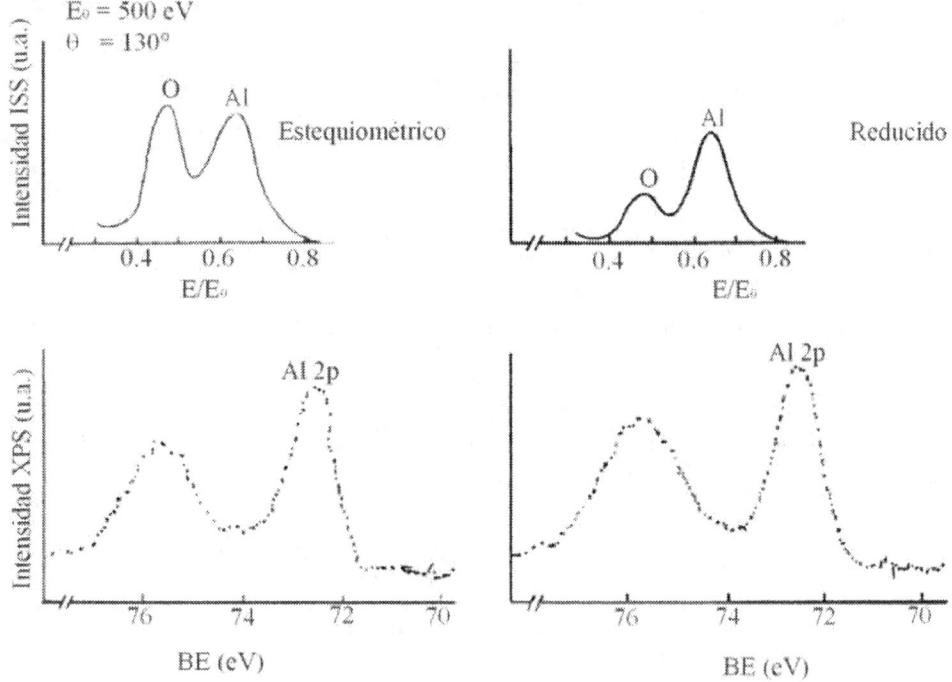

Fig. 2.5 Espectros XPS e ISS de una capa de óxido de 4ML (monocapas) de espesor en Al.

Tratándose de espectros XPS muy parecidos, los espectros ISS se diferencian esencialmente en cada uno de los dos diferentes procesos de oxidación.

2.1.6 Bibliografía

Bergmans R.: *Energy and angle resolved ion scattering and recoiling spectroscopy on bimetallic systems*, Eindhoven Techn. Univ., Diss., Eindhoven 1996

Brongersma H.H., Mul P. M.: *Chem. Phys. Lett.* 19 (1973), 217

Buck T. M., in: *Methods of Surface Analysis (Ed. A. W. Czanderna)*, Elsevier Amsterdam 1975

Chen J.N.: *Low energy ion scattering and direct recoil spectrometry as a probe of ion/gas surface interactions*, Univ. Michigan, Ann Arbor 1987

Erickson R.L., Smith D. P.: *Phys. Rev. Lett.* 34 (1975), 297

Halussler E.N.: *Surf. Interface Anal.* 2 (1980), 134

Heiland W.: *Appl. Surf. Sci.* 13 (1982), 282

Mahavadi P.: *Application of multiple scattering in low energy alkali ion scattering spectroscopy for surface structural analysis*, Techn. Univ. Clausthal 1989

Ocal C., Basurco B., Ferrer S.: *Surf. Sci* (1985), 157

Pech P. in: *Festkörperanalyse mit Elektronen, Ionen und Röntgenstrahluen (Hrsg. Brümmer)*, Akademieverlag Berlin 1980

Rusch T.W., Erickson R. L., Inelash C.: *Ion-Surface Collisions* (Ed. by N.H. Tolk) Academic NY, 1977

Taglauer E., Heiland W.: *Appl. Phys.* 9 (1976), 216

Werner H. W., Garten R. P. H.: *Rep. Prog. Phys.* 47 (1984), 221

2.2 RBS - Rutherford Backscattering

Spectroscopy

Espectroscopía por Retrodispersión

2.2.1 Principio físico

El cuerpo sólido es bombardeado con un haz colimado de iones ligeros de alta energía en una dirección al azar sobre los ejes o los planos cristalinos de dicho cuerpo sólido. Los iones proyectil son retrodispersados a partir de los iones de la muestra mediante choques binarios elásticos. Estos iones retrodispersados se separan de la muestra y son espectrocopiados.
Información a obtener:

- Análisis químico de elementos en el cuerpo sólido a nivel de la superficie,

- Determinación de los perfiles de profundidad (perfiles de difusión, implantación de iones, etc.),

- Reconocimiento de la estructura de los sistemas de capas,

En relación con la canalización de iones:

- Determinación de la cristalinidad de los cuerpos sólidos,

- Cálculo del grado de amorfización de un cuerpo sólido.

2.2.2 Realización en cuanto a técnica de aparatos

En el caso de RBS se requieren haces de iones ligeros monoenergéticos. Estos se producen preponderantemente a través de pequeñas instalaciones de aceleración, principalmente generadores Van de Graaf y aceleradores de cascada de un rango de energía de 0.1 - 5 MeV. El esquema de una instalación de aceleración puede verse en la fig. 2.7.

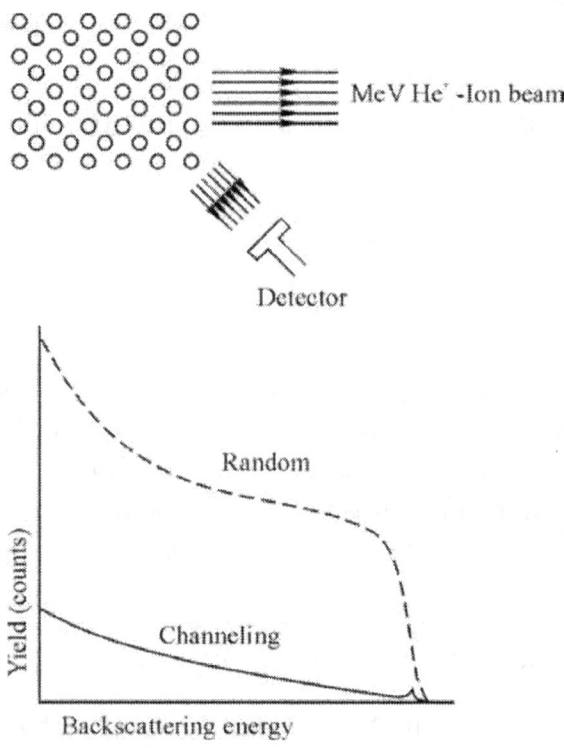

Fig. 2.6 Representación esquemática de la dispersión Rutherford de ángulo amplio; proceso de dispersión y espectros de energía para inyección de partículas canalizada y no canalizada (aleatoria).

Los iones emitidos por una fuente de alta frecuencia son acelerados en un tubo de aceleración y focalizados mediante un sistema cuadrípolo electrostático. Después de esto el haz de iones es analizado y colimado mediante un analizador magnético respecto a su composición de masa. El analizador magnético sirve para la estabilización de energía del haz de iones y alcanza una estabilización del haz de 1%. El haz de iones cuenta con un diámetro típico de 1 mm y una divergencia angular de menos de 0.1^0.

MÉTODOS DE DISPERSIÓN

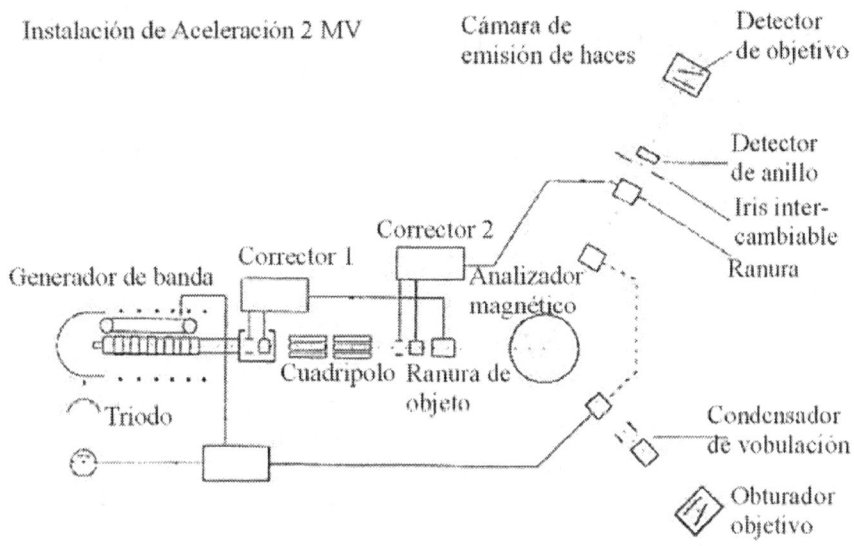

Fig. 2.7 Representación esquemática de una instalación de alta aceleración para exámenes ionométricos de RBS.

En la cámara de objetivo muchas veces éste se encuentra montado en un goniómetro de doble eje, lo cual permite una orientación de los cristales en el campo angular de $0 \leq \varphi \leq 360^0$ y $-10^0 \leq \vartheta \leq 10^0$ (φ ángulo entre el haz normal de objetivo y el incidente, ϑ ángulo horizontal). Los iones retrodispersados son registrados la mayoría de las veces mediante detectores de barrera superficial y sometidos a un análisis energético, utilizando para ello un analizador de canal múltiple. Para la supresión de los electrones secundarios que son eyectados del cristal mediante los iones, existe antes del objetivo un obturador con potencial negativo (-200 V). Las resoluciones de energía que se pueden alcanzar ascienden hasta 10 - 20 keV. La espectroscopía misma requiere condiciones de vacío. Si se tuviera que utilizar la sensibilidad superficial del método, serían necesarias condiciones UHV.

Posibilidades de variación respecto a la sonda, muestra y comprobación

- Variación respecto a la sonda; iones ligeros de alta energía.

Parámetro	Efecto y medidas afectadas
Número de masa	Profundidad de penetración de los iones. Resolución de masa
Angulo de incidencia	Profundidad de penetración de los iones. Resolución de profundidad
Intensidad	Rendimiento de retrodispersión. Efectos del haz (amorfización del cuerpo sólido)
Energía iónica	Sección eficaz Rutherford. Profundidad de penetración de los iones, energía y profundidad de salida de los iones retrodispersados.

- Manipulación de la muestra.

Manipulación	Información
Estado de la superficie	Elementos químicos en composición con canalización de iones
(adsorción/desorción/ segregación)	Relajación y reconstrucción de la superficie
Estructura química de volumen (calentamiento, bombardeo de iones, entre otros)	Difusión, dotación, reacciones químicas
Estructura de rejilla en cuerpos sólidos (calentamiento, bombardeo de iones, entre otros)	En relación con la canalización de iones: Grado de cristalinidad

- Contenido de información de las partículas de comprobación: iones retrodispersados.

Magnitud de la medición	Información
Distribución de la energía de los iones retrodispersados	Número de masa de los centros de dispersión, profundidad de los centros de dispersión bajo la superficie del cuerpo sólido, espesor de las capas en particular cuando hay sistema de capas
Rendimiento de retrodispersión (altura de pulso)	Densidad superficial de los centros de dispersión, concentración de un elemento en objetivo en una determinada profundidad, en relación con la canalización de iones: Grado de amorfización, cristalinidad.

Calibración a nivel de técnica de medición

A partir del conocimiento de la energía primaria E_1 en los iones y de los parámetros geométricos del experimento (principalmente del ángulo de dispersión θ), utilizando un cálculo cinemático se puede calcular la energía de las partículas dispersadas de la superficie del objetivo dependiendo de la masa de los átomos de dispersión. Con la ayuda de algunos estándares conocidos la escala de energía puede convertirse directamente a una escala de masa. La información sobre la concentración de volumen de los elementos en particular se obtiene con la ayuda de estándares, utilizando la conocida sección transversal de dispersión Rutherford y la ecuación de intensidad. Para la determinación de la concentración de volumen se requieren adicionalmente informaciones sobre la densidad del material del objetivo, ya que RBS como método, él mismo no depende de la densidad.

2.2.3 Sensibilidad y resolución

Sensibilidad

La sección diferencial eficaz de activación para la retrodispersión Rutherford aumenta con el cuadrado de los números atómicos de los iones inyectados así como de los centros de dispersión Z_1^2 y Z^2. La sensibilidad del procedimiento se incrementa, tanto durante la aplicación de iones pesados como al momento de la comprobación de átomos pesados. Los iones pesados son, sin embargo, de utilización restringida ya que poseen una profundidad de penetración mínima y dan lugar a daños de haz en el cuerpo sólido. La diferencia máxima de sensibilidad al interior del SPE es de 100. El método es aplicable para la comprobación de átomos con $Z \geq 1$.
Sensibilidad superficial típica específica en cuanto a elementos:
10^{-4} monocapas.

Resolución de profundidad

La resolución de profundidad se determina preponderantemente a través de la resolución del detector. La resolución de profundidad de este método asciende a $1 - 10^3$ nm. Los valores típicos para las superficies de los cuerpos sólidos son de aproximadamente 10 nm. Estos disminuyen con el aumento de la profundidad de los centros de dispersión debajo de la superficie del cuerpo sólido (por dispersión múltiple de iones en el material del objetivo y dispersión de energía). Se alcanza una muy buena resolución de profundidad, aproximadamente 1 nm, mediante la utilización de analizadores electrostáticos.

Resolución lateral

Esta es de 1 μm con buenas expectativas de mejoramiento, en cuanto a los valores, de 100 hasta 400 nm en los próximos años.
La resolución lateral se ve disminuida solo en pequeña escala al aumentar la profundidad de los centros de dispersión bajo la superficie del cuerpo sólido, ya que los iones de alta energía en el cuerpo sólido siguen una trayectoria recta de manera más rígida que los electrones (en los métodos que emplean electrones como sondas o bién proyectiles).

2.2.4 Limitaciones, requisitos de la muestra, combinabilidad, problemas de interpretación.

Limitaciones

A pesar de las ya perfeccionadas técnicas de deconvolución para perfiles de profundidad en los microanálisis nucleares, RBS es insensible para detalles referentes a la distribución de elementos. Aún si el ángulo de incidencia o la energía primaria de los proyectiles fuera modificada con fines de mejoramiento de la resolución de profundidad relativa, no se alcanza la resolución de profundidad altamente selectiva de otros métodos consuntivos de resolución de profundidad. Debido a la resolución de masa delimitada, al momento de la aplicación de condiciones estándar de $^4He^+$ con $E_p \approx 2$ MeV se separan de los elementos adyacentes solamente los ligeros hasta llegar al Fe. Para la comprobación de los elementos se incrementa la resolución de masa mediante la aplicación de iones más pesados. RBS no proporciona ninguna información sobre la estructura de las retículas de cristales en pruebas de análisis cristalino. Esto sólo es posible mediante el uso de canalización de iones. Por la sobrecarga de informaciones sobre el número de masa de los elementos contenidos en el objetivo y por la profundidad en la que estos se encuentran, este método tiene ventajas sólo para muestras que cuentan con una cantidad mínima de elementos diferentes.

Requisitos de la prueba

Orientada, pulida, espesor cualquiera con $\varnothing \geq 2$ mm. En el caso de experimentos que implican calentamiento de la muestra, se tienen ventajas con un espesor mínimo (0.2 ... 1 mm). Para el examen de materiales dieléctricos no es necesario ningún revestimiento con material conductor (al contrario de AES).

Combinación típica con otros métodos

Para el análisis superficial es posible una combinación de RBS y AES con inducción de iones. Mas allá de esto es posible operar RBS en combinación con otros métodos de análisis superficial utilizando aparatos HV ó UHV. De cualquier manera, esto se ha llevado a cabo hasta ahora con poca frecuencia.

Interpretación de las mediciones

Análisis cualitativo de elementos

En el análisis cualitativo de elementos sólo se toma en cuenta la dispersión elástica, en la cual el núcleo del objetivo permanece en su estado básico. La energía de los iones directamente dispersados en la superficie de la prueba se ve disminuida por la pérdida elástica de energía, misma que es transferida al átomo cristalino o bien al átomo extraño. A partir de la cinemática del proceso de dispersión se aplica para la energía de los iones retrodispersados en la superficie del objetivo:

$$E(0) = kE_1 = \left(\frac{M_1 cos\theta + \sqrt{M^2 - M_1^2 - M_1^2 sen^2\theta}}{M_1 + M} \right) E_1 \qquad (0.4)$$

M	Masa del centro de dispersión
M_1	Masa de los iones retrodispersados
E_1	Energía primaria de los iones
$E(0)$	Energía de los iones retrodispersados directamente en la superficie del objetivo
k	Factor cinemático
θ	Angulo de dispersión

Esta ecuación permite una conversión directa de la escala de energía a una escala de masa. Tratándose tanto de capas delgadas como de átomos extraños en la superficie del objetivo, se produce en el espectro un pico aislado.

Análisis cuantitativo de elementos

A partir de la cantidad Y_r de las partículas retrodispersadas, habiendo una energía E (altura de la pulsación), puede determinarse el espesor de la superficie n_M de los centros dispersados.

Métodos de Dispersión

$$n_M = \frac{Y_r}{n_i \Delta\Omega (d\sigma/d\Omega) E_{1,\theta}} \qquad (0.5)$$

n_i cantidad de iones inyectados
$d\Omega$ el ángulo sólido registrado por el detector
$(d\sigma/d\Omega)_{E_{1,\theta}}$ sección eficaz diferencial para la retrodispersión Rutherford de iones de energía primaria E_1 y ángulo de dispersión θ.

Para los cortes eficaces diferenciales de la retrodispersión Rutherford se aplica:

$$(\frac{d\sigma}{d\Omega})_{E_{1,\theta}} = \frac{Z_1 Z e^4 (M_1+M)^2 \{\frac{M_1}{M}cos\theta + \sqrt{1-(\frac{M_1}{M}sen\theta)^2}\}}{4M^2 E_1^2 \{1 + \frac{M_1}{M}sen^2\theta - cos\theta\sqrt{1-(\frac{M_1}{M}sen\theta)^2}\}\sqrt{1-(\frac{M_1}{M}sen\theta)^2}} \qquad (0.6)$$

Perfil de profundidad

Para iones que son dispersados en el interior del cristal tiene lugar además de la pérdida elástica de energía una no elástica, la cual se origina al momento del frenado de los iones en el objetivo (pérdida de energía por ionización). La energía de un ion dispersado en profundidad es de:

$$E(t) = k\{ E_1 - \int_0^{t/cos\varphi_2} (dE/dt) \, dt \} \qquad (0.7)$$

φ_1, φ_2 ángulos entre las direcciones de entrada o de salida y las perpendiculares a la superficie del cristal.

Esta ecuación permite, cuando se cuenta con el conocimiento exacto de la pérdida especial de energía (dE/dt), la conversión de la escala de energía a una escala de profundidad. (dE/dt) se designa como fuerza de paro (stop) y es estimada a partir de los parámetros experimentales y del supuesto de simplificaciones especiales.

Confiabilidad de la interpretación

a. Tratándose de análisis cuantitativos de elementos se pueden determinar las concentraciones de elementos con una exactitud relativa de $0.02 \leq \Delta c/c \leq 0.05$. La exactitud relativa en AES y SIMS es con frecuencia mayor, pero con estos métodos se originan dificultades al momento de la determinación absoluta de la concentración de elementos como consecuencia de fuertes efectos matriz.

b. La resolución de profundidad no es influida por efectos de rugosidad superficial, misma que es analizada mediante el preferido desprendimiento iónico de elementos aislados en métodos de remoción de capas.

c. En el caso de análisis cualitativos lo mismo que en los cuantitativos, al utilizar la sección eficaz de Rutherford se considerará sólo una retrodispersión elástica en los átomos del objetivo, mismos que experimentan un retrochoque. No se tomarán en cuenta los efectos de interacción nuclear ni los espines.

d. Además de la pérdida considerada de energía del proyectil entre la superficie del objetivo y el centro del espectro, existen otros elementos que influyen sobre la cantidad y energía de los proyectiles que llegan hasta el detector:

   d.1 Disminución del número de proyectiles que alcanzan una determinada profundidad a causa de dispersiones de iones antes de alcanzar esta profundidad.

   d.2 Reducción del número de proyectiles que llegan hasta el detector debido a una segunda dispersión. Los iones, habiendo sido dispersados ciertamente a un ángulo θ, están sujetos a una dispersión más, con un ángulo $d\theta$ que es mayor que la amplitud de ángulo del detector.

   d.3 Aumento del número de proyectiles que son dispersados hacia el detector debido a una segunda dispersión. Esta dispersa hacia el detector aquellos iones que después de la primera dispersión habrían quedado fuera del alcance del detector.

d.4 Incremento del número de partículas a causa de múltiples dispersiones de ángulo pequeño, mismas que producen trayectorias finales de iones con $\theta \pm d\theta$.

d.5 Otros efectos a causa de la geometría final del experimento, de la magnitud final del punto de haz sobre el objetivo, etc.

Todos estos efectos juntos contribuyen con menos de 5 % a los resultados experimentales.

e. En el caso de conversión energía - profundidad de penetración debe de introducirse un factor de corrección tomando en cuenta la dependencia de la energía de la sección eficaz de Rutherford. Esto demanda el conocimiento exacto de la fuerza de paro (dE/dt). Esta se estima con ayuda de los parámetros experimentales bajo el supuesto de diferentes simplificaciones como:

(i) La fuerza de paro es constante para haces incidentes y emergentes (se aplica a profundidades muy pequeñas).

(ii) La fuerza de paro es independiente de la profundidad en el objetivo.

f. Con RBS es posible la cuantificación directa a partir de la intensidad de señal. Con XPS, AES, SIMS, se efecta por el contrario un análisis semicuantitativo a partir de la intensidad de señal y de la comparación con la calibración o a partir de un modelo de corrección.

2.2.5 Ejemplo de un espectro típico RBS

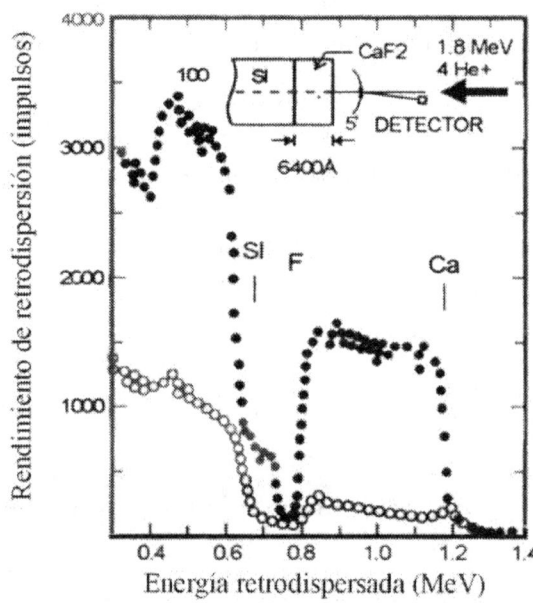

Fig. 2.8 Espectro de RBS de un sistema de capas Si-CaF$_2$ en el caso de inyección de 1.8 MeV ^{4}He$^+$ - iones en cualquier dirección y en dirección $\langle 100 \rangle$.

Composición química de superficies de cuerpos sólidos

El espectro de energía de iones 1.4 MeV-He$^+$ dispersados, mismos que fueron bombardeados sobre un cristal de Si corroido químicamente (corroido-HF), ha sido evaluado con ayuda de la ecuación (2.4). Fueron establecidos los elementos C, N, O, F, Si. Un análisis detallado después de las ecuaciones (2.5) y (2.6), arrojó que sobre el cristal de Si se encuentra una capa de SiO$_2$ de 60 Å de espesor, así como impurezas adicionales con las siguientes concentraciones:

4×10^{16} átomos de Carbono por cm^2
1×10^{16} átomos de Nitrogeno por cm^2
5×10^{15} átomos de Fluor por cm^2

Métodos de Dispersión

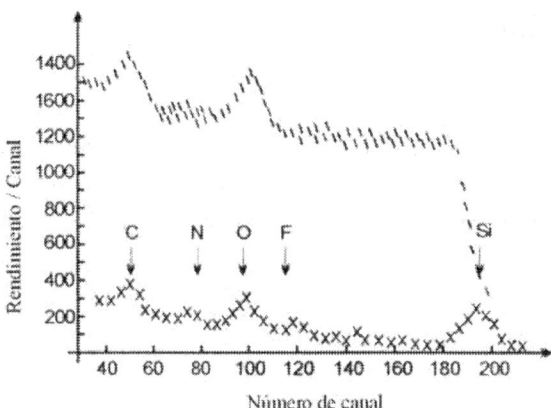

Fig. 2.9 Espectros de energía de iones 1.4 MeV He (aleatorios y canalizados a lo largo de $\langle 111 \rangle$) retrodispersados en un cristal de silicio con ataque químico.

Capas superficiales

Con RBS se obtienen informaciones sobre la composición de capas en sistemas de capas especiales y su variación con la profundidad. A partir de la dependencia de energía de los rendimientos en áreas de energía seleccionadas que corresponden a procesos de dispersión en Si, o bien en átomos de N y O en la capa de SiO_2 ó Si_3N_4, puede calcularse la variación de la composición de la capa utilizando la distancia desde el sustrato de Si (ecuaciones 2.4 - 2.7).

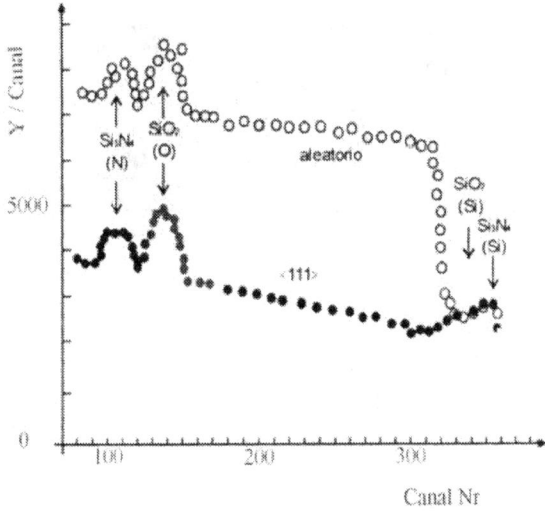

Fig. 2.10 Espectros de energía de iones 2.19 MeV He^+ retrodispersados (aleatorios

Grado de cristalinidad

El grado de cristalinidad de un cuerpo sólido se caracteriza mediante el rendimiento de retrodispersión normalizado $\mathcal{X}_{min}$, el cual es la relación de los rendimientos en bombardeo dirigido y en bombardeo al azar del objetivo con iones de alta energía. Para monocristales perfectos $\mathcal{X}_{min}$ es de 1 - 4 % medido en la superficie del objetivo. Mientras más bajo sea el grado de cristalinidad mayor será el valor $\mathcal{X}_{min}$, debido a que los iones canalizados se dispersan en átomos sin orden (fig.2.11).

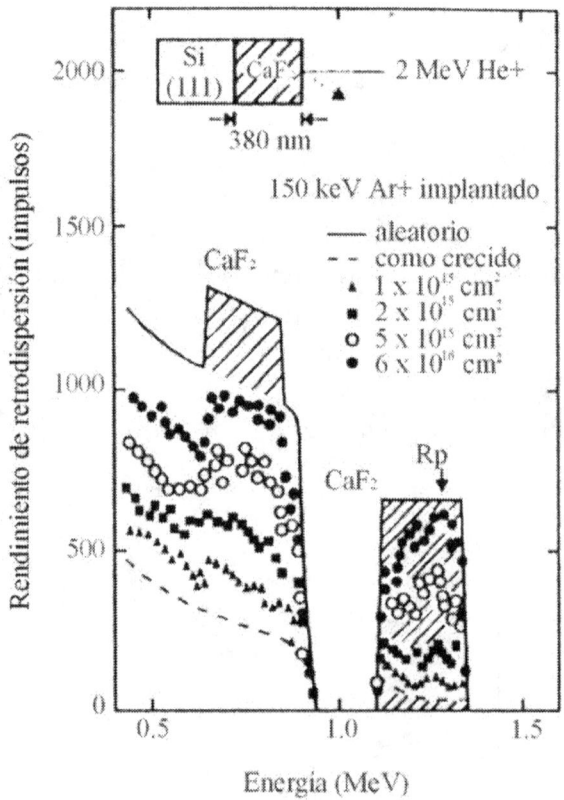

Fig. 2.11 Estructura de 25 Å - 25 Å superred (100) Ge-GaAs, y espectro de canalización para iones He$^+$ en $\langle 100 \rangle$.

2.2.6 Bibliografía

Brümmer O.: *Festkörperanalyse mit Elektronen, Ionen und Röntgenstrahlen*, Akademie-Verlag Berlin 1980

Chu W.K., Mayer J.W., Niculet M.A.: *Backscattering Spectrometry*, Academic, New York 1978

Chu W.K., Ziegler J.F.: *J. Appl. Phys.* 46 (1975), 2768

Flemig G.: *RBS- und Channeling-Messungen an verspannten In y Ga(1-y)As/GaAs Einfach- und Vielfach-Quantum-Well-Strukturen: Diss. Univ. Freiburg*, Freiburg 1994

Grasso F.: *Channeling (ed. D.V. Morgan)*, Wiley, New York 1973

Östling M.: *Development of metallization systems for LSI technology*, Diss. Univ. Uppsala, Uppsala 1983

Swanson M. L.: *Rep. Prog. Phys.* 45 (1982), 47

Werner H.W., Garten R.P.H.: *Rep. Progr. Phys.* 47 (1984), 221

Capítulo 3

Métodos de Rayos X

y Difracción de Electrones

XRD   pág. 67

EXAFS   pág. 77

XSW   pág. 87

XDT   pág. 95

RHEED   pág. 105

Capítulo 3

3.1 XRD - $\underline{X}$ ray $\underline{D}$iffraction

Difracción de Rayos X

3.1.1 Principio físico

Durante el paso de radiación X a través de un cristal tiene lugar la aparición de difracciones o interferencias debido a la disposición periódica de sus átomos. La causa de la difracción de la radiación X en la trama de cristal tiene como punto de partida la dispersión elástica de la radiación incidente sobre las capas de electrones de los elementos reticulares, como consecuencia de la interacción del campo de radiación electromagnético con el electrón cargado negativamente. Las ondas esféricas originadas por estos electrones se extinguen la mayoría de las veces debido a su incoherencia. Debido a la periodicidad espacial de la red cristalina se producen en las ondas de dispersión -en determinadas direcciones del cristal- diferencias de longitud de trayectoria (diferencias de paso), las cuales conducen a un incremento de la intensidad de la radiación X en dichas direcciones (difracción máxima).
La difracción de rayos X en un cristal tridimensional fue reducida por W. L. Bragg a reflexiones virtuales de rayos X en haces de plano reticular (esto es, haces con átomos de planos de la red cristalina ocupados, paralelos, equidistantes entre sí): Si un haz de rayos X de una longitud de onda por debajo del ángulo θ da sobre un haz de planos reticulares paralelos con una distancia d, entonces los rayos "reflejados" en el plano reticular abandonan el cristal. Siendo esto en la misma fase (interferencia constructiva) si las interferencias en sus longitudes de trayectoria son un múltiplo exacto de λ. Las figuras 3.1 y 3.2 permiten ver la derivación de la ecuación de Bragg ya sea en forma escalar o vectorial:

$$\begin{aligned} 2\sin\theta &= n\lambda \qquad (n=1,2,3,...) \\ \vec{k_H} - \vec{k_O} &= 2\pi\vec{H} \end{aligned}$$

($\vec{k}_O$, $\vec{k}_H$ ... vectores de las ondas planas incidentes o bien reflejadas de rayos X, $\vec{H}$ ... vector reticular recíproco del haz de plano reticular en el que ocurre la difracción de rayo X, d = $1/|\vec{H}|$).

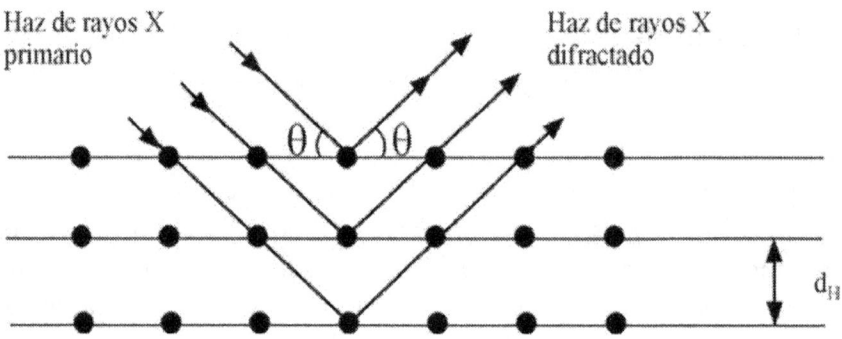

Fig. 3.1 Difracción de rayos X.

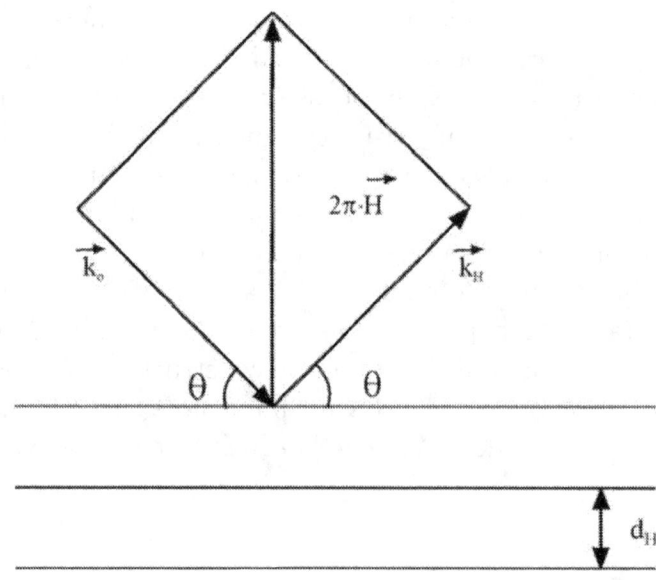

Fig. 3.2 Representación de la difracción de rayos X.

Métodos de Rayos X y Difracción de Electrones

3.1.2 Realización a nivel técnico

Tomando en cuenta el gran número de procedimientos de investigación se describen aquí sólo algunos de ellos.

- **Procedimiento Laue**

  En el procedimiento Laue (Fig. 3.3) es enviada una emisión policromática de rayos X a través de un monocristal fijo. Sobre una película plana ubicada perpendicularmente al rayo primario se registra la imagen de difracción (Diafragma Laue) en el que sólo quedan registrados aquellas longitudes de onda para las que se ha satisfecho la condición de reflexión de Bragg.

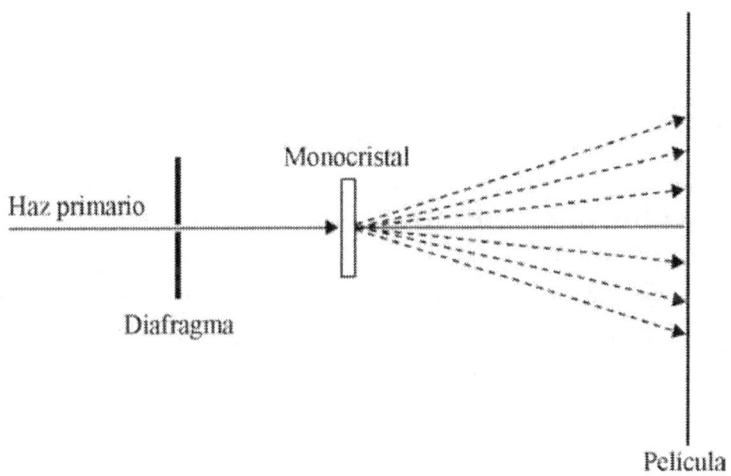

Fig. 3.3 Propagación de rayos en el procedimiento Laue.

- **Procedimiento Debye-Scherrer**

  En el caso del procedimiento Debye Scherrer (Fig. 3.4) es irradiado un polvo fino de cristalita sin orientación normalizada, haciéndose pasar radiación X monocromática. Sobre una película cilíndrica colocada en torno a la muestra se registran máximos precisos de difracción (Diafragma Debye-Scherrer), ya que tratándose de una orientación estática de la cristalita siempre se tiene -para una cierta cantidad- la orientación requerida para el rayo primario según las condición de la reflexión de Bragg.

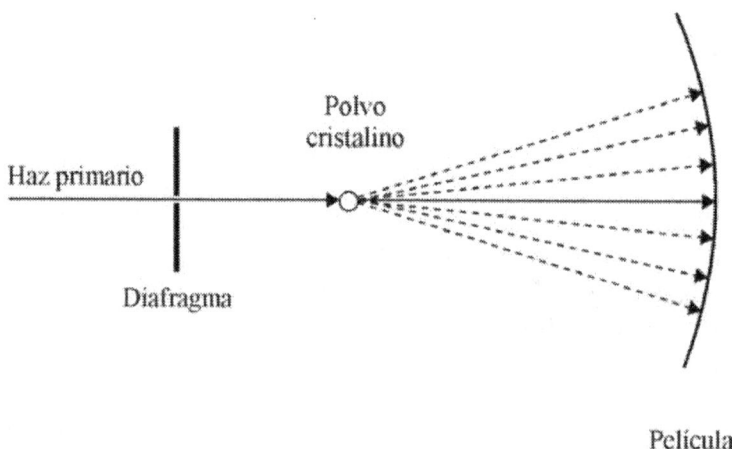

Fig. 3.4 Trayectoria de los rayos en el procedimiento Debye-Scherrer.

- **Procedimiento con difractómetro**

La geometría de la radiación (Fig. 3.5) corresponde en el caso de reflexión al principio de focalización de Bragg-Brentano. Una radiación X monocromática y divergente (diafragma de entrada fijo o foco del tubo de rayos X sobre el círculo de medición) es difractada a partir de una muestra policristalina plana (en el centro del círculo de medición), siendo focalizada al irse aproximando (diafragma detector en el círculo de medición). El círculo de focalización pasa a través del filtro de entrada, el filtro detector y el centro del círculo de medición. En oposición a las tomas de la película -y a la aplicación de detectores sensibles *in situ*- en el procedimiento con difractómetro los diagramas de difracción no se registran al mismo tiempo sino secuencialmente uno tras otro. Para ello en operación normal del difractor son girados tanto el detector (tubo de conteo proporcional, detector de cintilaciones) como la muestra, a la mitad de velocidad de ángulo del detector (procedimiento θ-2θ). Si las normales de la muestra junto con el rayo primario y con el rayo reflejado abarcan siempre el mismo ángulo (90^0 - θ), entonces

Métodos de Rayos X y Difracción de Electrones

tiene lugar la reflexión Bragg sólo en los planos paralelos a la superficie de la muestra. La fig. 3.6 muestra el corte de diafragma de difracción típico registrado mediante difractómetro a partir de una muestra policristalina.

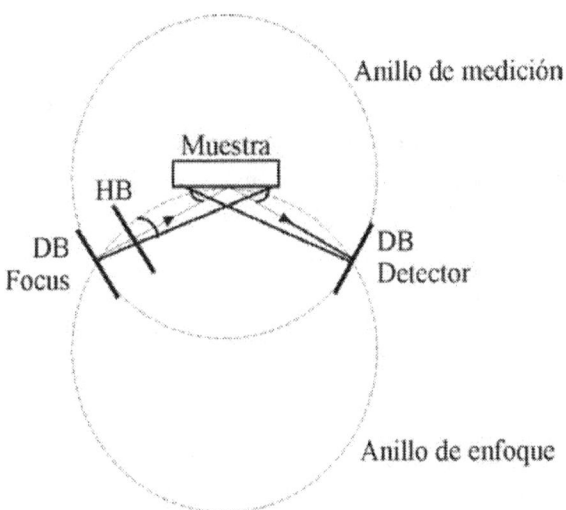

Fig. 3.5 Trayectoria de radiación según Bragg-Brentano en un difractómetro de polvo.

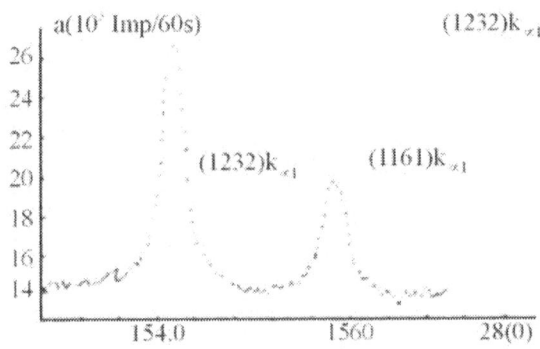

Fig. 3.6 Corte a partir del diafragma de difracción de Cr_3Si en un rango angular de los reflejos (12 3 2) y (11 6 1); radiación Mo-$K_{\alpha 1}$ (tomado de Herold, disertación, Dresden 1981).

La estructura real de un cristal o cristalitas tiene efecto sobre la ubicación y forma de las líneas de interferencia. El siguiente esquema permite ver las relaciones entre las diferencias de las líneas de interferencia y la estructura real de los policristales (de B. Kampfe, H. J. Hunger en: Procesos seleccionados de investigación en metalografía, Leipzig 1983, pp. 80).

Parámetros mesurables:

- Análisis cualitativo y cuantitativo de fase. Determinación del tipo y cantidad de las fases cristalinas en una substancia.
- Determinación de la concentración en cristales de mezcla.
- Determinación precisa de constante en redes.
- Análisis de estructura real. Investigación de defectos de red estáticos y dinámicos (defectos de punto, desplazamientos, oscilaciones fonónicas) y de estados de tensión.
- Análisis de estructura: determinación del tamaño y de la distribución de tamaños de la cristalita aislada en la estructura.
- Análisis cuantitativo y cualitativo de textura.
- Obtención de la simetría cristalina en monocristales.
- Análisis estructural de superficies y capas delgadas.
- Obtención de tensiones y pasos equivocados de red en interfases heteroepitaxiales.

3.1.3 Sensibilidad

La sensibilidad del método depende en gran medida de la muestra y de los procedimientos de investigación utilizados.
Profundidad de penetración de radiación X (profundidad de información de la difracción de rayos X) en silicio para diferentes disposiciones geométricas:

Disposición geométrica	Profundidad de penetración en Si/μm.
Reflexión Bragg simétrica	1 ... 5
Reflexión Bragg asimétrica	0.01 ... 1
Difracción bajo condiciones de reflexión tipo espejo	0.001 ... 0.01

Métodos de Rayos X y Difracción de Electrones

3.1.4 Limitaciones, requerimientos para la muestra, combinabilidad

- **Limitaciones**

  - Localización de átomos ligeros tales como hidrógeno, no es posible.

- **Requisitos para la muestra**

  - Monocristales y muestras policristalinas (polvo, muestras compactas).
  - El dimensionamiento de muestras y la forma de las mismas depende en gran medida de los respectivos procedimientos de investigación (tamaño mínimo de monocristales: 0.2 ... 0.5 mm en las tres direcciones espaciales; cantidades de polvo en procedimientos con película desde algunos μg hasta mg, en procedimientos de tubo de conteo desde unos mg hasta g).

- **Combinación típica con otros métodos**

  - Combinación con otros métodos de difracción (difracción de neutrones, difracción de electrones).
  - Combinación con EXAFS/SEXAFS.

3.1.5 Ejemplo

Análisis de estructura superficial mediante reflexiones extremadamente oblicuas.
El empleo de la difracción de rayos X para los sistemas de análisis de superficies, interfases y capas delgadas es posible a través de disposiciones geométricas especiales, como por ejemplo mediante reflexiones extremadamente oblicuas (el plano de radiación está casi en la superficie). Los métodos tienen como base las intensidades reflejadas que aparecen por la acción de

reflexión total, mismas que como consecuencia de la mínima profundidad de penetración y por los vectores de difracción que están en la superficie pueden darnos información sobre la estructura de la superficie.

En el caso de la "Difracción bajo condiciones de reflexión tipo espejo", la radiación X de un haz secundario de red cuyo vector-red recíproco $\vec{H}$ está perpendicular a la normal de la superficie n, se combina con la reflexión total de la superficie. Ya que tanto el rayo X incidente, colimado y monocromático (onda plana con vector de onda $\vec{k}_O$)como el rayo X reflectado (onda plana con vector de onda $\vec{k}_H$) abarcan ángulos muy pequeños con la superficie, se originan por la reflexión total: una onda reflejada de la onda incidente (vector de onda $\vec{k}_O^S$) y una onda reflejada de la onda refractada (a partir de la geometría de Laue) muy plana dirigida al interior del cristal (vector de onda $\vec{k}_H^S$). Las relaciones geométricas se muestran en la figura 3.7. La medición de la dependencia angular de la intensidad de la onda refractada, reflejada tipo espejo, proporciona informaciones respecto a la estructura de capas superficiales delgadas.

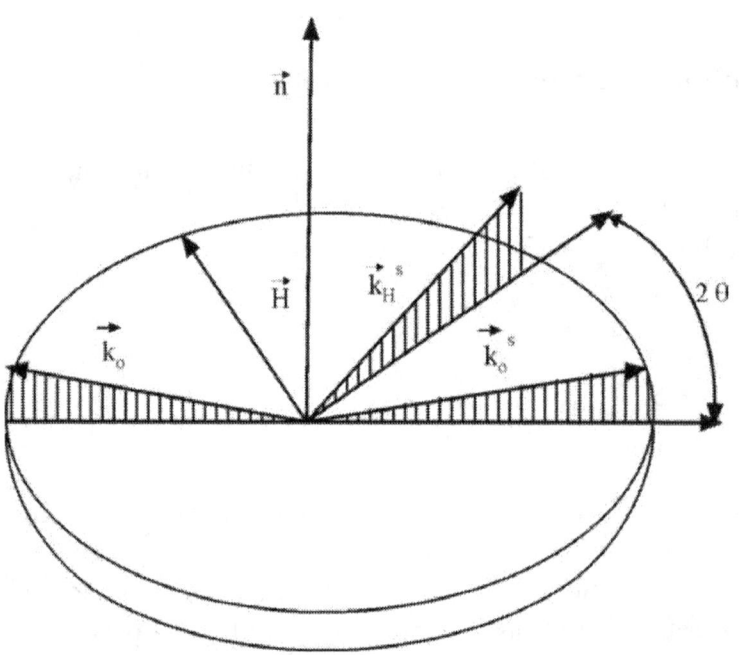

Fig. 3.7 Ilustración de la "difracción bajo condiciones de reflexión tipo espejo."

3.1.6 Bibliografía

Brennan S.: *Surf. Sci* 152 1 (1985)

Glocker R.: *Materialprüfung mit Röntgenstrahlen unter besonderer Berücksichtigung der Röntgenmetallkunde*, Medienverlag Berlin 1958

Golovin A.L., Imamow R. M., KondrashkinaE.A.: *Phys. stat sol. (a)* 88 505 (1985)

Jost K.H.:*Röntgenbeugung an Kristallen*, Akademieverlag Berlin 1975

Kämpfe B., Hunger H.J.: *Ausgewählte Untersuchungsverfahren in der Metallkunde*, Leipzig 1983

Knellsen K.O. , Fjällberg L., Skjene T.: *Quantitative analysis of the major phases in sulfate-resistant cement silica fume systems by SEM, 29Si NMR and XRD methods*, Swedish Cement and Concrete Research Institute, Stockholm 1997

Laue M.V.:*Röntgenstrahlinterferenzen*, Akademische Verlagsgesellschaft Frankfurt/M. 1960

Marra W.C., Eisenberger P., Cho A. Y.: *J. Appl. Phys.* 50 6927 (1979)

Nelf H.: *Grundlagen und Anwendung der Röntgenfeinstruktur-Analyse*, München 1962

Reacy M.M.J., Higgins J. B. and R. von Ballmoons: *Collection of simulated XRD powder patterns for zeolites*, Elsevier New York 1996

Soteras J.: *Estudi per techniques fisiques d'análisi (SEM, EDX, SIMS, LAMMA, XRD I XRF) de microcristalles exògens i endogens I de traces metàlliques en patologia humana*, Inst. d'Estudis Catalans, Barcelona 1989

Sunder S., Miller N.H.: *XPS, XRD and SEM study of oxidation of UO2 by air in gamma radiation at $150_\circ C$*, Whiteshell Laboratories Pinawa, Manitoba 1995

3.2 EXAFS -Extended X-ray Absorption Fine Structure

Estructura Fina Extendida en la Absorción de Rayos X

3.2.1 Principio físico

Un cuanto de radiación X al ser absorbido proyecta un electrón durante el proceso de absorción a partir de un átomo de la muestra (átomo de absorción). Dicho electrón abandona el átomo en forma de onda esférica. La onda de fotoelectrón que va saliendo del átomo de absorción se dispersará parcialmente en los potenciales del átomo vecino. La interferencia de la onda de salida con la onda dispersada depende de la energía cinética del fotoelectrón, así como de la disposición geométrica y del tipo de los átomos de dispersión. Una interferencia positiva significa una gran capacidad de absorción del sistema átomo de absorción-átomos de dispersión y produce como consecuencia de esto un máximo en el campo EXAFS del espectro de absorción de rayos X (50 ... 700 eV sobre la arista de absorción). La fig. 3.8 ilustra esquemáticamente el proceso de absorción.

Visto microscópicamente EXAFS es un método de dispersión de electrones. Se pueden concebir al EXAFS como una forma de "LEED esférico" en el que el átomo de absorción es al mismo tiempo fuente de electrones y detector.

3.2.2 Realización a nivel técnico

La toma de un espectro de absorción de rayos X es posible mediante la radiación X de freno de un tubo de rayos X convencional o bien mediante la radiación por sincrotrón.

En la Fig 3.9 se representa un aparato de EXAFS típico, con el cual se mide el coeficiente de absorción μ de una muestra en función de la energía de los fotones irradiados:

$$\mu = \frac{1}{d} \ln \frac{I_0}{I} \qquad (0.8)$$

I_0 ... Intesidad primaria
I ..... Intensidad después de pasada la irradiación a través de la muestra con un espesor d.

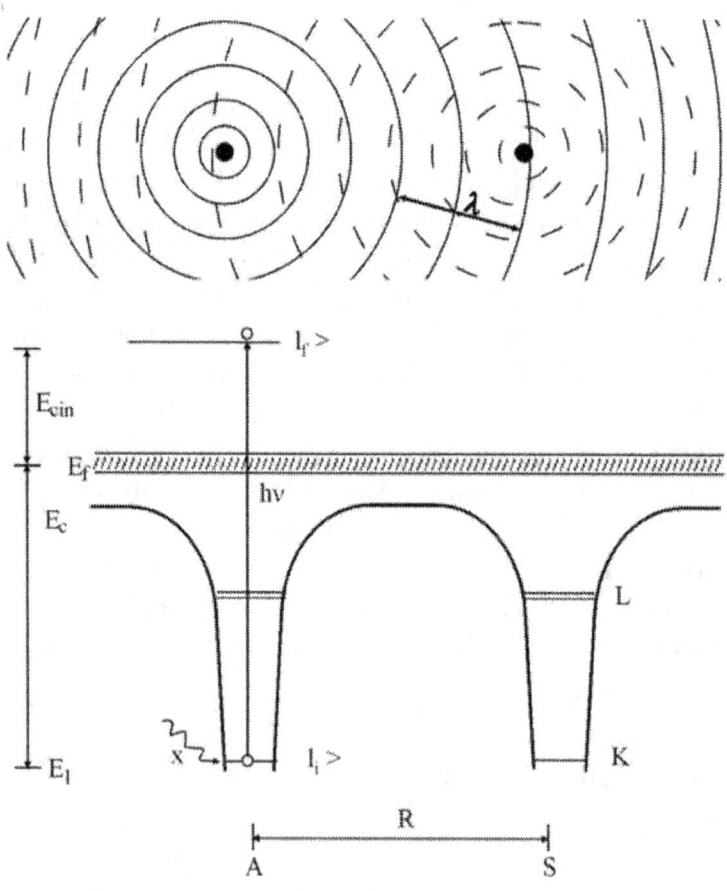

Fig. 3.8 Ilustración del proceso de absorción (tomado de P. Rabe Tesis de habilitación, Kiel 1979).

MÉTODOS DE RAYOS X Y DIFRACCIÓN DE ELECTRONES

Para la espectro-descomposición de la radiación por sincrotrón, se aprovechará la reflexión Bragg doble en planos reticulares paralelos de un bloque monocromator-monocristal. Este cristal es girado en pasos de ángulo equidistantes durante la toma de un espectro de absorción de rayo X. La intensidad de la radiación monocromática se mide -antes y después del paso de la radiación por la muestra- con el auxilio de cámaras de ionización. La fig. 3.10 muestra dos espectros EXAFS típicos.

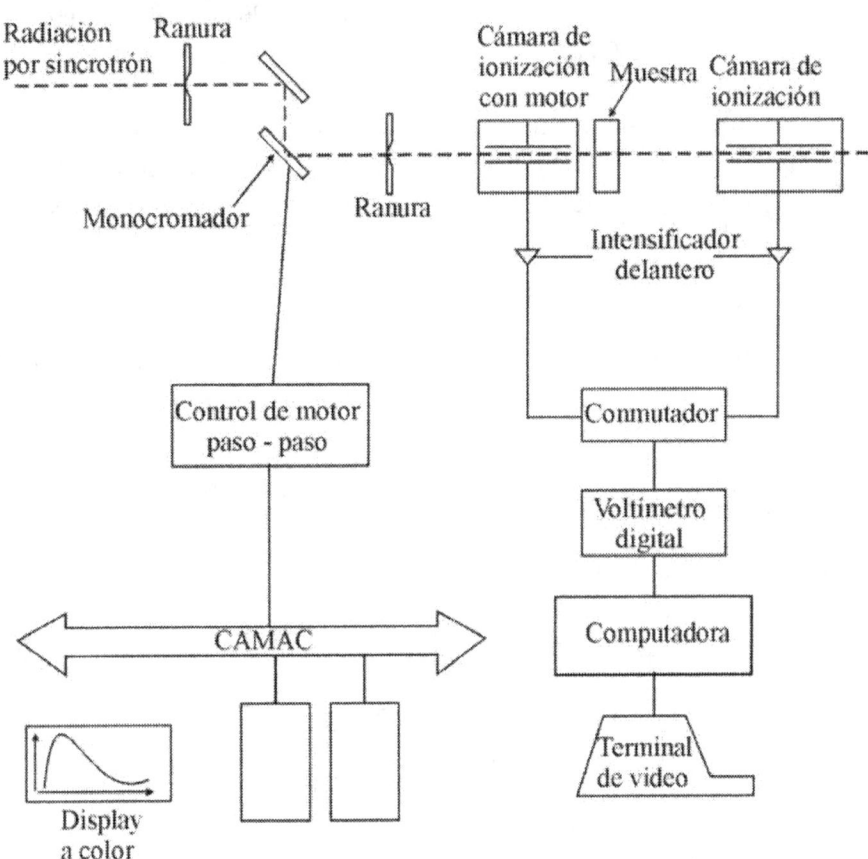

Fig. 3.9 Representación esquemática de la estación EXAFS en el Centro de Radiación por Sincrotrón de Novosibirsk (tomado de E. Zschech, W. Blau, Neue Hütte, 1987).

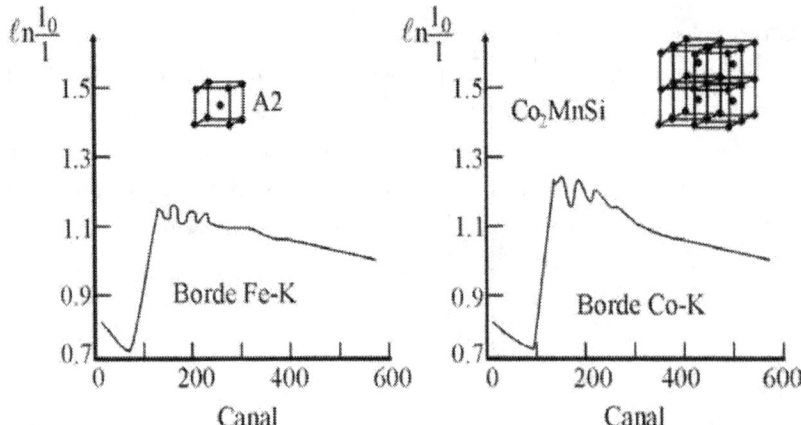

Fig. 3.10 Espectros de absorción de rayos X a partir de Fe en el entorno de aristas de absorción Fe-K y a partir de Co$_2$MnSi en el entorno de aristas de absorción Co-K (derecha) (tomado de E. Zschech, W. Blau, Neue Hütte, 1987).

Para la disposición de transmisión existen una serie de posibilidades alternativas en las cuales la señal de medición es una función de la modulación EXAFS, por ejemplo:

- Reflectividad.
- Rendimiento de fluorescencia.
- Rendimiento de electrones.
    - Rendimiento total de electrones.
    - Rendimiento de electrones Auger.

En la medición del rendimiento de fluorescencia y de electrones Auger, el subestrato originado por la absorción de electrones débiles ligados se suprime.

Información obtenible:

- Obtención del orden estructural y químico de corto alcance para sustancias amórfas y cristalinas (vidrios, cristales subordenados, catalizadores, macromoléculas biológicas).

- Examen del entorno de orden de corto alcance para impurezas y defectos en soluciones o bien en la correlación átomo extraño-lugares vacíos.

- Obtención de la estructura atómica de *clusters* o de cortes en una matriz.

- Seguimiento de los estadios más tempranos de procesos de disgregación y de desprendimiento por corte (posible in situ con radiación de sincrotrón).

- Microsonda EXAFS: Exámenes locales en un área de unos 100 μm^2 (con radiación por sincrontrón; el método se está desarrollando actualmente).

- Examen de la estructura de orden de corto alcance de superficies, así como determinación de la posición y orientación de átomos adsorbidos y superficies de cuerpos sólidos.

- Examen de procesos físicos y químicos (difusión, reacciones en superficie, entre otros) en áreas cercanas a superficies e interfases.

3.2.3 Sensibilidad del método

Exactitudes obtenibles

- Distancia del vecino más próximo: $\Delta R = 0.01$ Å

- Número de coordinación del vecino más próximo: $\Delta N/N = 10$

Profundidad de información y concentración mínima de elementos para diferentes métodos con fines de determinación de los coeficientes de absorción:

Métodos	Profundidad de información	Concentración mínima de elementos en %
Transmisión	Espesor total de la muestra	1 - 0.1
Reflectividad	< 100 Å (dependiendo del ángulo de incidencia de la radiación)	1 - 0.1
Rendimiento de fluorescencia	de unos Å's hasta aprox. 1000 Å (dependiendo del ángulo de incidencia de la radiación)	$< 10^{-2}$
Rendimiento total de electrones	<2000 Å	$\approx 10^{-3}$
Rendimiento de electrones de Auger	unos Å	$< 10^{-4}$

La medición de la probabilidad de exitación de los átomos absorsores vía procesos secundarios (rendimiento de fluorescencia, rendimiento de electrones) es apropiado para el examen de pruebas adelgazadas:

- Muestras gruesas en las cuales los átomos a examinar están en concentración mínima.

- Muestras delgadas en las cuales los átomos a examinar están en alta concentración (superficies, interfases).

Los exámenes de superficies (SEXAFS) tienen lugar la mayoría de las veces mediante la medición de rendimientos de fluorescencia o de electrones, mismos que son emitidos por la muestra. La detección de rendimientos de electrones requiere de las condiciones UHV.

3.2.4 Limitaciones, requisitos de la muestra, combinabilidad, problemas de interpretación

- Limitaciones.

    - EXAFS no suministra ninguna información sobre órdenes de largo alcance.

- Requisitos para la muestra.

    - Transmisión: $A \geq 1\ cm^2$ homogénea lo más posible, espesor óptimo d = 2μm.
    - Reflectividad: $A \geq 1\ cm^2$, espesor cualquiera, altas exigencias en cuanto a rugosidad y ondulación de la superficie de la muestra.
    - Rendimiento: Superficie plana, pulida
      Rendimiento de fluorescencia y rendimiento total de electrones: $A \geq 1 cm^2$.
      Rendimiento de electrones Auger: $A \approx 1\ mm^2$.

- Combinación típica con otros métodos.

    Se requiere de una combinación de EXAFS con otros métodos de examen en mucho mayor medida que como hasta ahora. Por ejemplo con dispersión de neutrones y rayos X; espectroscopía de NMR y de Möβbauer

- Interpretación de los resultados.

Con ayuda de una teoría de aproximación se puede establecer una relación matemática entre la modulación EXAFS arriba de la arista de absorción K y los parámetros estructurales de una muestra.
La modulación EXAFS total $\chi_{tot}(k)$ es una suma ponderada de las oscilaciones EXAFS en particular $\chi(k)$, en la que se suma abarcando áreas de diferente entorno de corto alcance-átomo absorsor, así como los tipos de

átomo de dispersión y la cantidad de capas de coordinación consideradas. Los factores de ponderación η son coeficientes de distribución de los átomos absorsores en lugares de diferente entorno de alcance.

$$\chi_{tot}(k) = \sum \eta \chi(k),$$
$$\chi(k) = A \sin(2Rk + \phi),$$
$$A = \frac{N}{R^2} |f_s| e^{-2\sigma^2 k^2} e^{-2R/\lambda},$$
$$\phi = \phi_A + \phi_s + \frac{2m}{f_s^2} + R\frac{\Delta E_0}{k}$$

(Aproximación *"muffin-tin"*, ondas planas, dispersión sencilla)

El área EXAFS puede asignarle al fotoelectrón con energía cinética E_{cin} -vía la relación de dispersión para electrones libres- el número de ondas k, siendo:

$$k = \sqrt{\frac{2m}{\hbar^2} E_{cin}}$$

(m ... masa del electrón, $\hbar = h/2\pi$ con h ... *quantum* de acción de Planck.) N designa el número de coordinación, R el radio medio de la capa de coordinación, σ^2 la desviación media relativa cuadrática de los átomos, λ la longitud media de trayectoria del fotoelectrón. Las amplitudes de retrodispersión f_s, así como las fases de dispersión de átomo central y de retrodispersión ϕ_A o bien ϕ_s de la onda de fotoelectrón fueron calculadas por Tao y Lee para átomos neutrales. ΔE_0 toma en consideración los desplazamientos químicos que se producen en la fase de retrodispersión.

Debido a que el total de modulación EXAFS representa una superposición de ondulaciones periódicas se pueden llevar a cabo una descomposición Fourier de estructura fina. Para esto se transforma la modulación EXAFS -separada a partir del espectro experimental de absorción de rayos X- del espacio k al espacio de distancia. Esta transformada Fourier posibilita las informaciones cualitativas vía el entorno de orden de corto alcance del átomo absorsor.

Para un análisis cuantitativo es más conveniente separar la respectiva aportación EXAFS de interés mediante la retrotransformación de Fourier y realizar la subsecuente valoración en el espacio k.

La determinación de los parámetros de estructura se efectúa determinando los parámetros libres de la función modelo (fórmula EXAFS) mediante un algoritmo especial de minimización, de modo que se dé una igualación lo más cercana posible con la función de dispersión calculada a partir de datos experimentales.

3.2.5 Ejemplos

Las diferencias significativas en las modulaciones EXAFS de los espectros de absorción de rayos X para hierro cristalino en el entorno de la arista de absorción Co-K (ver Fig. 3.10), así como de la aleación ternaria de Heusler Co_2MnSi en el entorno de la arista de absorción Co-K (ver Fig. 3.10), resultan de los diferentes entornos de corto alcance de los átomos absorsores: En condiciones de Fe con red cúbico centrado en espacio del tipo de estructura A2, todos los lugares de red tienen el mismo entorno de corto alcance. Aparece sólo un tipo de átomo de dispersión. Tratándose de Co_2MoSi de tipo de estructura $L2_1$ una superestructura ordenada de la red de centrado espacial cúbico, habiendo desorden local los átomos de Co pueden ocupar los lugares α y β, o sea lugares de red de diferente entorno de orden de corto alcance. Esto deriva en una sobreposición de espectros EXAFS que resultan de átomos de Co en lugares de red de diferente entorno de orden de corto alcance. Además aparecen varios tipos de átomos de dispersión (Co, Mn, Si).

3.2.6 Bibliografía

Ahlers D.: *Magnetic EXAFS: An experimental and theoretical investigation*, Würzburg Univ. Diss., Shaker, Aachen 2000

Bianconi A., Incoccia L., Stipeich S.: *EXAFS and near edge structure*, Springer-Verlag Berlin 1983

Einstein T. L.: *Appl. Surf. Sci. II/2*, 42 (1982)

Heald S. M., Keller E., Stern E. A.: *Phys. Lett. 103A*, 155 (1984)

Hodgson K. O., Hedman B., Penner-Hahn J.E.: *EXAFS and Near Edge Structure*, Wiley, New York 1984

Koningsberger D.C.: *X-ray absorption*, Wiley New York 1988

Leuze M.: *Elektrochemische Untersuchungen an Modellverbindungen für organische Leuchtdioden und EXAFS-Spektroskopie an Rutheniumphtalocyaninen*, Tübingen, Univ. Diss., Tübingen 1999

Lee P. A., Citrin P. H., Eisenberger P., Kincaid B. M.: *Rev. Mod. Phys.* 53 769 (1981)

Pinxt H. H. C. M.: *Oxidation of propylene glycol on graphite supported platinum catalysts*, Eindhoven Techn. Univ., Diss., Eindhoven 1997

Pillep B.: *XANES- und EXAFS-spektroskopische Untersuchungen an ausgewählten organischen Materialien*, München, Univ. Diss., Papierflieger 1999

Prins R., KoningsbergerD.: *X-Ray Absorption: Principles, applications, techniques of EXAFS, SEXAFS and XANES* Wiley, New York 1985

Stern E. A.: *Laboratory EXAFS facilities*, American Inst. of Physics proceedings N 64, New York 1980

Stöhr J., Jaeger R., Brennan S.: *Surf. Sci.* 117 503 (1982)

Stöhr J., Noguera C., KendelewiczT.: *Phys. Rev. B* 30 5571 (1984)

Teo B.: *EXAFS: Basic principles and data analysis*, Springer-Verlag Berlin 1986

Teo B. K., Joy D. C.: *EXAFS Spectroscopy, techniques and applications*, Plenum New York 1981

3.3 XSW - X-ray Standing Waves

Ondas Estacionarias de Rayos X

3.3.1 Principio físico

Una radiación X colimada, monocromática, es dirigida sobre un monocristal grueso, perfecto; de modo que para un haz de plano reticular con el vector reticular recíproco $\vec{H}$ se produce reflexión total de interferencia. Mediante la sobreposición de las ondas planas incidentes y difractadas (vectores de onda k_0 o k_H) se forma en el monocristal un campo de onda estacionario que se extiende con propiedades no modificadas aun al exterior de la superficie del cristal, por ejemplo en el vacío o en una capa delgada epitaxial.

A partir de la ecuación de Bragg:

$$\vec{k}_H - \vec{k}_0 = 2\pi.\vec{H}$$

resultando, para este campo de onda estacionario, que planos de igual intensidad (por ej. planos nodulares) se hallan paralelos a los planos reticulares en los que tiene lugar la difracción, y que su periodicidad espacial es igual a la distancia interplanar correspondiente $d_H = 1/|\vec{H}|$ (ilustración geométrica, ver Fig. 3.11 y 3.12).

La fase del campo de onda estacionario se modifica dependiendo del ángulo de difracción y se mueve dentro del estrecho ámbito del ángulo correspondiente a la reflexión total de interferencia con ángulo creciente de manera continua en dirección $\vec{H}$. En total se desplazan los nódulos y convexidades del campo de onda estacionario al recorrerse la zona de reflexión total-interferencia en alrededor de la mitad de la distancia interplanar: en el límite inferior de esta zona coinciden los planos nodulares y los planos reticulares, en el límite superior los planos nodulares se hallan a la mitad entre los planos reticulares. Cuando se está utilizando la teoría dinámica de la difracción de rayos X, misma que nos da una relación directa entre la fase de los campos de onda estacionarios y la fase del factor estructural, es posible obtener la posición del campo de onda estacionario en forma relativa respecto a la retícula cristalina, en dependencia con el ángulo de difracción.

El rendimiento de fluorescencia característico de un tipo de átomo depende de la posición relativa de ese átomo respecto al campo de onda estacionario; por ejemplo: el rendimiento de fluorescencia característico muestra un mínimo cuando a través de las correspondientes posiciones atómicas va un plano nodular del campo de onda estacionario.

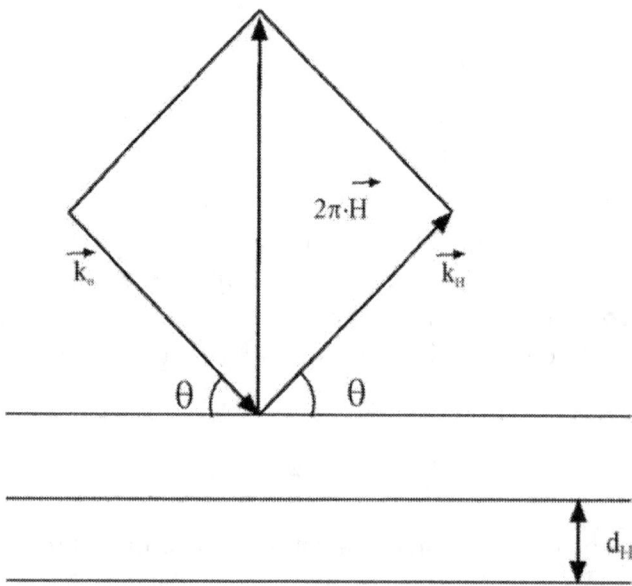

Fig. 3.11 Relación entre vectores de onda y planos reticulares de monocristal.

Métodos de rayos X y difracción de electrones

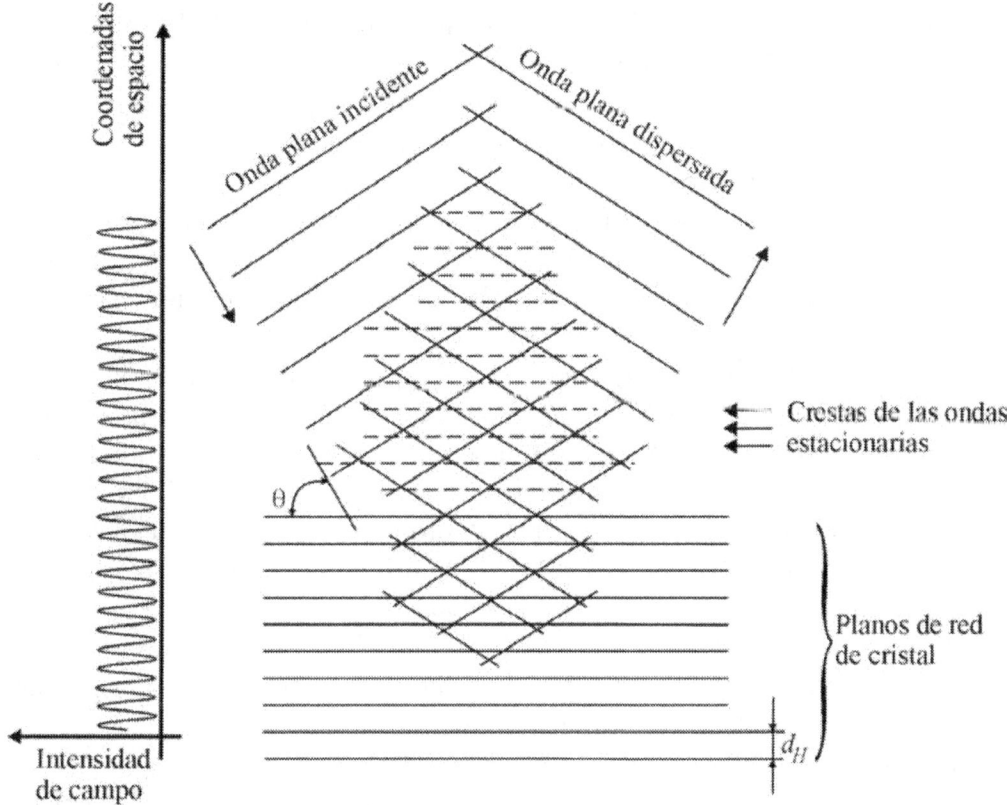

Fig. 3.12 Presentación esquemática del campo de onda estacionario.

3.3.2 Realización a nivel técnico

Para la realización de un experimento XSW se requiere de un haz de rayos X monocromático, paralelo. Para ello es posible la utilización de la radiación X característica de un tubo de rayos X convencional o la radiación monocromatizada de sincrotrón.

En la Fig. 3.13 se muestra un típico aparato de XSW en anillo de almacenamiento; aparato mediante el cual, en dependencia con el ángulo de difracción, se mide el rendimiento de fluorescencia característico de una muestra.

La monocromatización de radiación de sincrotrón se efectúa con un monocromator de doble cristal (con un segundo cristal cortado asimétricamente).

La intensidad de la radiación monocromática dirigida sobre la muestra se medirá con el auxilio de cámaras de ionización con monitor por y según el sistema de ranura. La muestra será posicionada de tal forma que la radiación monocromática es difractada en el monocristal. En el experimento XSW se varía el ángulo de difracción mediante la inclinación de la muestra dentro de la zona reflexión total-interferencia. (Cuado se utiliza radiación de sincrotrón es posible también una variación de la energía de la radiación monocromática mediante el giro del monocromator de doble cristal manteniéndose fija la posición de la muestra).

La radiación difractada en el monocristal y el rendimiento de fluorescencia de la muestra son registrados simultáneamente en dependencia con el ángulo de difracción y de esa manera como función de la posición del campo de onda estacionario, esto con un detector NaJ o con un detector de Si(Li) energético-dispersivo (en lugar del rendimiento de fluorescencia puede también medirse el rendimiento de electrones Auger). El rendimiento característico de fluorescencia, mismo que es proporcional a la intensidad local del campo de onda estacionario del átomo correspondiente, proporciona información -en tanto que función del ángulo de difracción- mediante la posición de estos átomos en relación con los planos reticulares de monocristal en los que tiene lugar la difracción.

La Fig. 3.14 muestra resultados de medición típicos a partir de un experimento XSW.

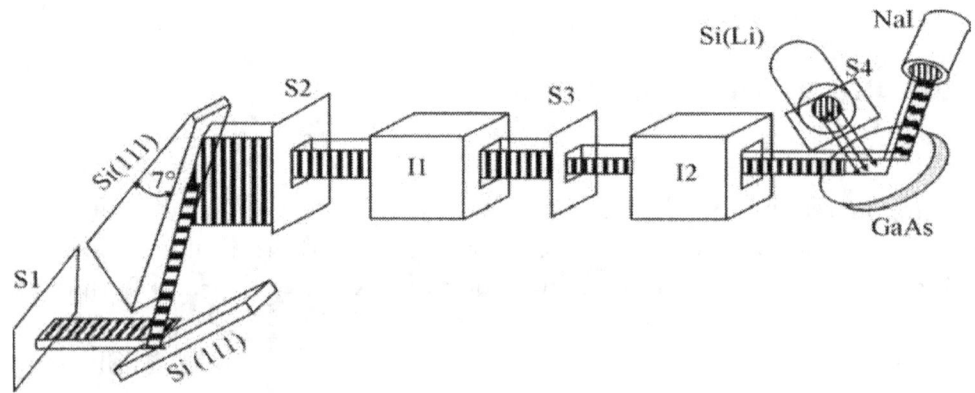

Fig. 3.13 Representación esquemática de la estación XSW en el centro de radiación por sincrotrón de Hamburg. (Tomado de M.J. Bedzyk, G. Materlik, Phys. Rev. B 32, 6456 (1985)).

Métodos de rayos X y difracción de electrones

Información obtenible

- Localización de átomos extraños en superficies de monocristales (implantación, absorción).

- Estudio de capas delgadas amorfas sobre superficies de monocristales.

- Determinación de estructura. Tensiones de red en monocristales y capas epitaxiales.

- Determinación de la estructura de interfases heteroepitaxiales.

3.3.3 Sensibilidad

Exactitud típica de distancias interatómicas en $\Delta R = 0.01\ 0.02$ Å. Sensibilidad de superficie: ≥ 0.1 monocapas.

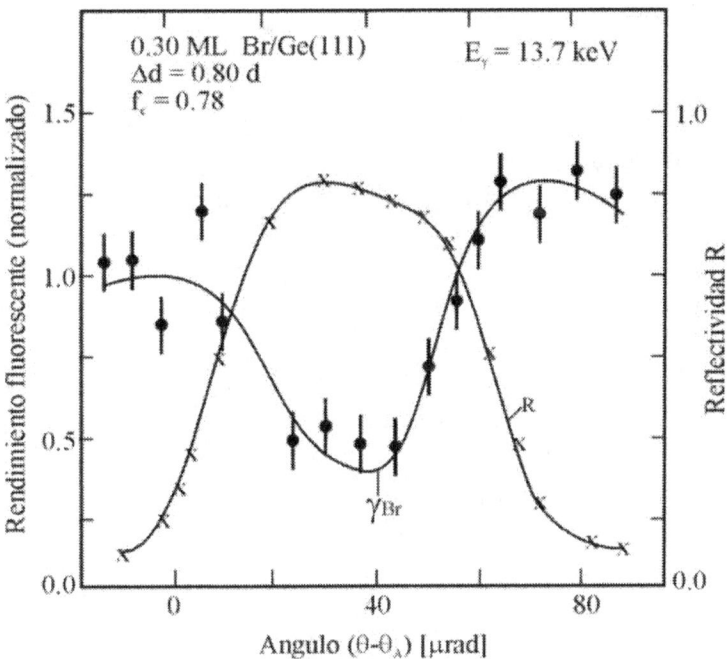

Fig. 3.14 Datos experimentales y curvas modelo adaptadas para el rendimiento de fluorescencia Br-K y la reflectividad Ge (111) sobre el ángulo de difracción, 0.38 monocapas Br sobre cristal Ge (111). (Tomado de M.J. Bedzyk, G. Materlik, Phys. Rev. B 31, 4110 (1985)).

3.3.4 Requisitos para la muestra, combinabilidad, problemas de interpretación

- Requisitos para la muestra.

    - Superficie de la muestra A = 0.1 ... 100 mm^2, superficie plana.
    - Capa delgada (absorción mínima) sobre sustrato grueso (monocristal perfecto, espesor = 1 mm).

- Combinación típica con otros métodos.

    - La combinación de XSW con métodos convencionales de examen de superficies, tales como LEED y AES es muy conocida.
    - Sería conveniente además de lo anterior la combinación con métodos de examen estructural por medio de rayos X complementarios tales como SEXAFS (Surface extended X-ray absorption fine structure) y TRBD (Kinematical total reflection Bragg diffraction).

- Interpretación de los resultados.

La dependencia del ángulo para el rendimiento de fluorescencia k cerca de la superficie se describe mediante la siguiente expresión:

$$Y_H(0) = 1 + \nu_H(0) + 2\sqrt{\nu_H(0)} f_{c,H} \cos(\nu_H(0) - 2\pi\phi_H)$$

Las magnitudes dependientes del ángulo, reflectividad $R_H(0)$ y factor de fase $Y_H(0)$, que corresponden a la intensidad o a la fase de la onda plana difractada en relación con la incidente, pueden ser calculados con el auxilio de la teoría dinámica de la difracción de rayos X. Al pasarse por la zona de reflexión total-interferencia se tiene la fase $Y_H(0)$ con ángulo de difracción θ que incrementado de manera continúa de π ... a 0. Debido a que la probabilidad para la absorción de radiación X (y con ello para sus procesos secundarios) es proporcional a la intensidad del campo E en el lugar del átomo absorsor, los parámetros $f_{c,H}$ y ϕ_H corresponden a la amplitud o a la fase del componente Fourier

$$A_H = f_{c,H} e^{-2\pi i \phi_H}$$

para la distribución normalizada de átomos, como por ejemplo mediante radiación característica de fluorescencia de tipos de átomos seleccionados. $f_{c,H}$ y ϕ_H, mismos que pueden ser denominados como parte coherente o bien posición coherente son determinables mediante adaptación de modelos sobre los rendimientos de fluorescencia característicos calculados obtenidos experimentalmente. A partir de esto pueden obtenerse las respectivas magnitudes de estructura requeridas.

3.3.5 Ejemplos

- Tensiones en superficies de monocristales:

S. M. Durbin, L. E. Berman, B. W. Batterman, J. M. Blakely,
Phys. Rev. Lett. 56, 236(1986).

- Adsorbatos en superficies:

M. J. Bedzyk, G. Materlik
Phys. Rev. B 31, 4110(1985).

- Capas con átomos implantados:

N. Hertel, G. Materlik, J. Zegenhagen
Z. Physik B 58, 199(1985).

- Capas epitaxiales:

E. Vlieg, A. E. M. J. Fischer, J. F. van der Veen, B. N. Dev,
G. Materlik,
DESY-Bericht SR-86-04, (1986).

3.3.6 Bibliografía

Agarwal B. K.: *X-ray spectroscopy.*, Springer, Berlin, Heidelberg, New York 1979

Azaroff L. V. (ed.): *X-ray spectroscopy.*, McGraw Hill, New York 1974

Batterman B. W. in:*Synchrotron radiation for X-ray crystallography (12th Course of the International School of crystallography, Erice/Italy, 10. 19. 6.1986)*, M. Hart (Ed.), E11

Clark G. L.: *Applied X-Rays.*, McGraw Hill, New York 1955

Cowan P. L., Golovchenko J. A., Robbins M. F.: *Phys. Rev. Lett. 44*, 1680 (1980)

Laue M. V.: *Röntgenstrahlinterferenzen,* Akademische Verlagsges., Frankfurt/Main, 1960

Materlik G., Frahm A., Bedzyk M. J.: *Phys. Rev. Lett. 52*, 441 (1984)

Pinsker Z.G.: *Dynamical scattering of X-rays in crystals.*, Springer, Berlin, Heidelberg, New York 1978

3.4 XDT -X-ray Diffraction Topography

Topografía por Difracción de Rayos X

3.4.1 Desarrollo de la topografía de rayos X

Las primeras topografías de rayos X fueron obtenidas en 1931 -de manera independiente uno de otro- por Berg y Barrett en cristales de sal gema y cristales de cuarzo. Sin embargo sólo hasta 1957/58 se pudo lograr en topografía de rayos X la ruptura completa, esto mediante la reproducción de dislocaciones aisladas de cristales casi perfectos. En su caso se empleó el ahora mayormente utilizado procedimiento de Lang (Lang-Methode in Transmission). El subsecuente desarrollo de la topografía de rayos X ha sido promovido especialmente por la industria de semiconductores, la cual ha mostrado un fuerte interés en la investigación de las relaciones entre la estructura real y las propiedades físicas de los materiales y componentes semiconductores. De este modo han sido introducidos nuevos métodos y se ha mejorado la sensibilidad de comprobación. A través de una radiación de alta intensidad (generadores de ánodo giratorios, sincrotrón) y sistemas de diagramación por televisión se ha llegado a una "topografía de tiempo real". En este caso la muestra puede parcialmente ser temperada y deformada *in situ*. La interpretación del contraste de fallas de estructura se puede apoyar mediante simulaciones de computadora.

3.4.2 Principio físico y realización técnica

- Procedimientos.

La principal división tiene lugar en lo que se refiere a instalaciones por reflexión (Bragg) e instalaciones por transmisión (Laue). Dependiendo de la ubicación de los planos reticulares a difractar respecto a la superficie de entrada de la radiación, se distinguirá entre caso simétrico y caso asimétrico. La geometría de los procedimientos radio-topográficos con más frecuencia utilizados se muestra en la fig. 3.15. En el método Berg-Barret la radiación

X que sale de un foco de línea se diafragma gradualmente en un haz ancho y da sobre el cristal fijo, del que se registran algunos centímetros cuadradados.

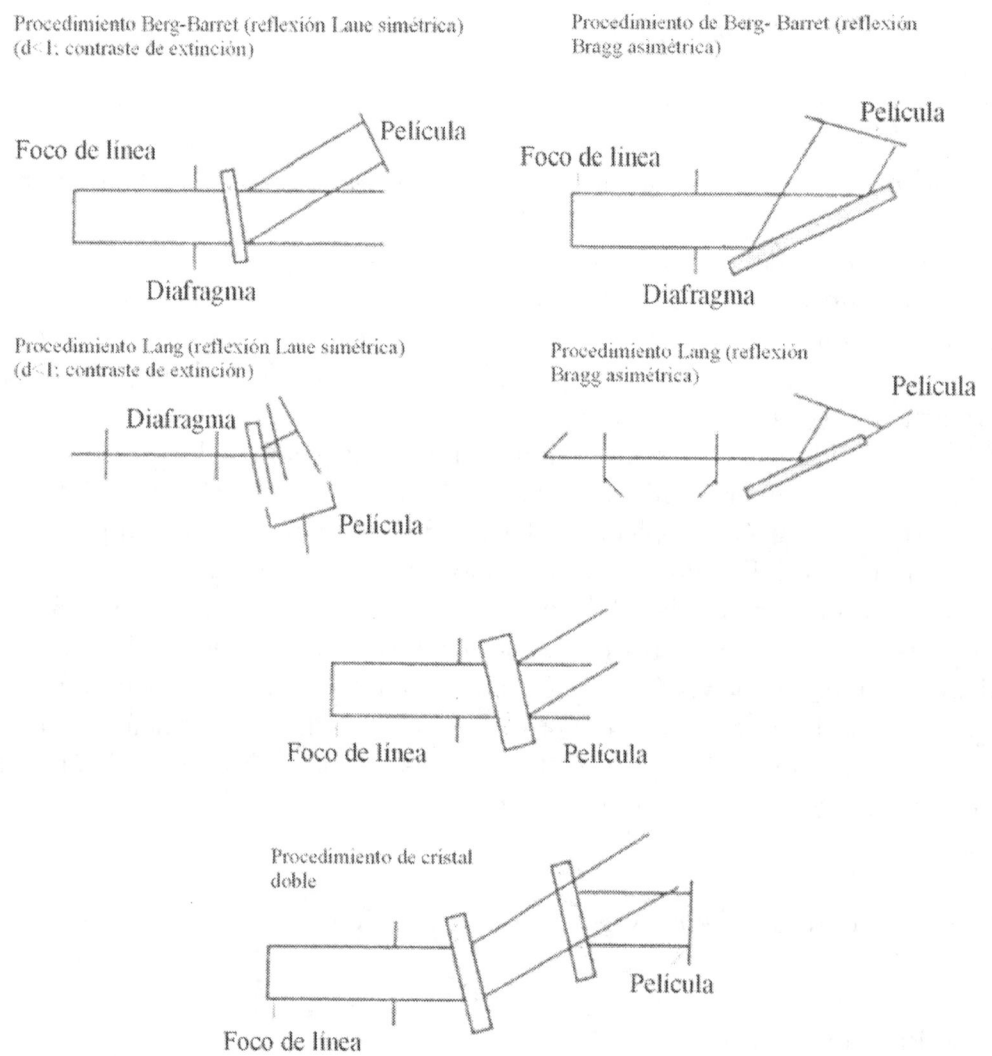

Fig. 3.15 Procedimientos topográficos de rayos X.

El procedimiento Lang trae consigo un mejoramiento sustancial de la capacidad de resolución. La radiación característica proveniente de un foco de punto es a tal grado diafragmada lentamente en un sistema de ranura, que del cristal sólo se refleja una línea del doblete K_α. La película está ubicada relativamente cerca del cristal. Mediante el movimiento del cristal y la película sobre un deslizador cuando se tiene un rayo fijo, se proyectará sobre la película toda la zona a examinar de la muestra. Cuando se examinan cristales deformados (p. ej. discos semiconductores), mediante un ajuste del ángulo de Bragg puede reproducirse toda la muestra (Scanning Oscilation Technique - SOT, Automátic Bragg Angle Control - ABAC).

El procedimiento Borrman corresponde geométricamente al método Berg-Barret. Se le utiliza cuando se trata de cristales gruesos o fuertemente absorbentes, mismos que, no obstante, deben ser casi perfectos. En la muestra se conforma un campo estacionario de onda, la absorción es anómalamente débil (efecto Borrman). A través de fallas constructivas de la retícula se eleva la absorción local y se interfiere el campo de onda, de modo que los defectos se reproducen en la película como lugares relativamente amplios y difusos con ennegrecimiento mínimo.

En el procedimiento de doble cristal se utiliza el rayo difractado en un cristal lo más perfecto posible para la reproducción de un segundo cristal. Esta radiación tiene una muy pequeña divergencia angular ($< 5"$), de modo que este método reacciona de manera extremadamente sensible cuando hay deformaciones de retícula. Las orientaciones de falla locales de 10^{-5} grados y alteraciones relativas constantes de retícula de 10^{-8} son todavía comparables.

- Tipos de contraste.

Consideremos un cristal hipotético (Fig. 3.15a) en el que dentro de una matriz perfecta C están intercaladas dos zonas -A y B- con lo que A en comparación con C queda interferida pero sin mostrar ninguna orientación de falla. La zona B es perfecta pero está en posición invertida respecto a C. El límite B-C sería un límite de grano de ángulo pequeño.

Los contrastes dependen de variables experimentales tales como la amplitud angular de la radiación, la divergencia del rayo primario, distancia muestra -película, entre otros. Si se utiliza radiación blanca se originan imágenes tales como las representadas en la Fig. 3.16 b y c. Al ser acercada la película cerca de la superficie de la muestra, hacia el lugar de salida del rayo (Fig. 3.16 b), se origina la zona A, la cual contiene fallas constructivas de cristal, un más fuerte ennegrecimiento (contraste de extinción) que B y C, mismas que resultan no diferenciables. Si la distancia del material de registro a la muestra se vuelve mayor, se produce la orientación de falla de la zona B y se obtiene el contraste de orientación (ver Fig. 3.16 c).

En la figura 3.16 d y e se muestran las condiciones para cuando se utiliza radiación característica de mínima divergencia angular. Si se cumple la Ley de Bragg para la matriz C, aparece la zona A con ennegrecimiento incrementado como consecuencia del contraste de extinción; la zona B no está en posición de reflexión (Fig. 3.16 d). Si se satisface la condición de reflexión para B, no se reproducen las otras dos zonas de la muestra (3.16 e). En la reproducción de fallas aisladas constructivas de cristal se distinguen en general los siguientes componentes de imagen:

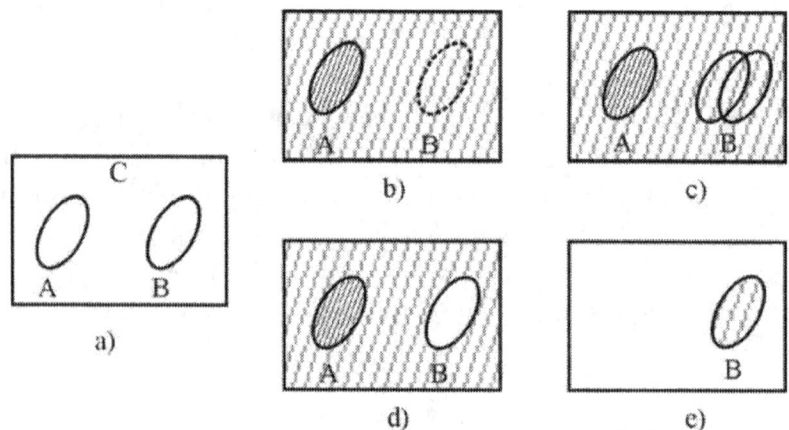

Fig. 3.16 Procedimientos de contraste.

- La imagen cinemática o directa -contraste de extinción (al haber defecto se origina un ennegrecimiento más fuerte de la placa fotográfica que en la matriz ideal).

- La imagen dinámica -contraste de Borrmann (al haber defecto se origina un ennegrecimiento menor que el de la matriz).

- La imagen intermedia.

A partir de la magnitud del producto del coeficiente μ (dependiente del tipo de radiación y de prueba) y del espesor del cristal d prevalece un tipo de imagen:

$\mu d \leq 1$ imagen directa.
$\mu d \geq 10$ imagen dinámica.

Las fallas constructivas del cristal originan, entre otras, fallas anisótropas de deformación o de tensión. Estas pueden ser analizadas (válido principalmente para campos de tensión de gran amplitud) si las topografías de rayos X son elaboradas a partir de diferentes reflejos (distintos factores de difracción $\vec{g_1}$). Es generalmente válido que el contraste -que ha sido generado por un defecto- es un contraste máximo si el haz de plano reticular utilizado para la reflexión está deformado al máximo.

Para el caso de desplazamientos, el campo de deformación puede caracterizarse de manera aproximada mediante el vector $\vec{b}$ de Burger. Es aquí válido (Fig. 3.17):

- Contraste máximo $\vec{g} \times \vec{b} = 0$
- Contraste mínimo $\vec{g}.\vec{l} = 0$

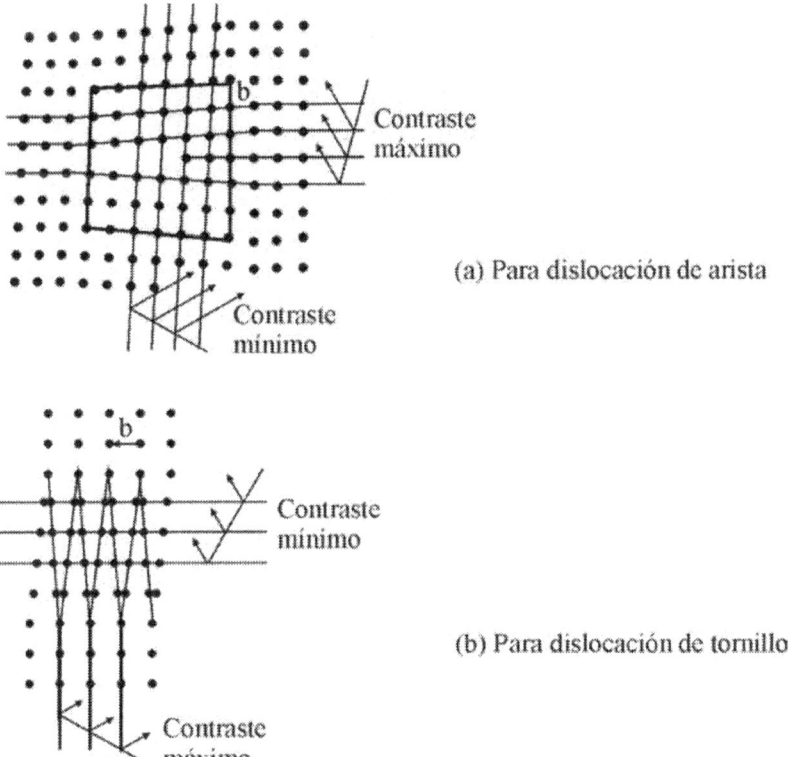

(a) Para dislocación de arista

(b) Para dislocación de tornillo

Fig. 3.17 Criterios de contraste para desplazamientos.

Si se tienen dos vectores de difracción no coplanares para los que se cumpla la condición de extinción, es válido entonces:

$$\vec{b} = (\vec{g}_1 \times \vec{g}_2)$$

Informaciones obtenibles

La topografía de rayos X se basa en la interferencia de rayos X en cuerpos sólidos monocristalinos y nos permite obtener información respecto a la estructura real de los cristales.

- Identificación y distribución de defectos estructurales en los cristales: por ejemplo, desplazamientos, defectos de apilamiento, límites gemelares; limitaciones sustanciales:
  a) defectos de punto (defecto aislado).
  b) densidad de defecto demasiado grande.

- Registro y análisis de campos de tensión de gran amplitud (p. ej. los originados en el ciclo de tecnología de semiconductores).

- Reproducción de interferencias mayores: por ejemplo: estrías, sectores de crecimiento; dominios, cortes, inversiones granulares.

Parámetro característico para la topografía Lang (Caso Laue)

Inversión en aparatos	grande
Preparación de muestras	bastante exigente
Zona $\mu \cdot d$	≤ 1
Mejor resolución geométrica	$\geq 1\mu m$
Tiempo de iluminación	horas (0.1 - 1 hora por mm de cristal)
Tipo de contraste	imagen directa, contraste de extinción
Espesor de capa aportante para el contraste	0.05 a 2 mm
Defectos mecánicos	desplazamientos, defectos de apilamiento, cortes, dominios, campos de tensión muy amplios
Ancho de la imagen de desplazamiento Espesor extinguible de desplazamiento	2 - 10 μm
Resolución en densidad de dislocaciones	$\leq 10^5$ cm^{-2}

3.4.3 Capacidad de resolución

La capacidad de resolución de los métodos de topografía con rayos X depende en primer lugar de su respectiva geometría (divergencia de rayo, distancia muestra - película, etc.) y de la capacidad de resolución del material de registro (película, sistema de video). Se pueden obtener valores de ≥ 1 μm.

3.4.4 Requisitos para la muestra, combinabilidad

Requisitos para la muestra

En general las superficies de la muestra deben estar libres de deformación, en la medida en que no se quieran examinar campos de tensión de amplio alcance en la zona de la superficie. Si no se cumple con este requisito, la muestra debe ser retrabajada. La mayoría de las veces el último paso de tratamiento es un pulido al ácido. En la aplicación de procedimientos de transmisión la muestra debe de contar con el espesor requerido. Si es posible se recomienda mantener un $\mu \cdot d \leq 1$. Aquí, el objeto de examen de la radiotopografía lo es el monocristal.

Combinación con otros métodos

Debido a la complejidad de la estructura real de los cristales y a las especificidades de los métodos de topografía con rayos X es en general deseable, y la mayoría de las veces necesario, el empleo de varios métodos. Los procedimientos típicos para la caracterización de la estructura real en combinación con la radiotopografía son: ataque con ácido, microscopía electrónica de transmisión, métodos ópticos (microscopía infrarroja, microscopía de polarización).

3.4.5 Bibliografía

Authier, A.: *Diffraction and imaging techniques in material sciences.*, Vol. 2, pp. 715, S. Amelinckx et al. (eds.), North-Holland, Public, Co., Amsterdam 1978

Hildebrandt, G.: *Fortschr. Miner.*, 53 (1975) 19

Höche, H. R., Brümmer, O.: *Festkörperanalyse mit elektronen, ionen und röntgenstrahlen.*, S. 57 ff., O. Brümmer u. a. (Hrsg.) VEB Dt. Vlg., Wissenschaften, Berlin 1980

Lang, A. R.: *Diffraction and imaging techniques in material sciences.*, Vol2., pp. 623, S. Amelinckx et al. (eds.) North-Holland. Co., Amsterdam 1978

Tanner, B. K.: *X-ray diffraction topography, science in the solid state.*, Vol. 10, Pergamon Press, Oxford 1976

Tanner, B. K., D. K. Bowen (eds.): *Characterization of crystal growth defects by X-ray methods.*, NATO advanced study institute series, Ser. B., Physics, vol. 63, Plenum Press, New York, London 1980

3.5 RHEED -Reflexion High- Energy Electron Diffraction

Difracción de Electrones Reflectados de Alta Energía

3.5.1 Principio físico

Un haz de electrones monocromático de alta energía (típicamente 5 ... 100 keV) alcanza bajo un ángulo pequeño (0...5⁰) la superficie de la muestra. La interacción haz de electrones - muestra aprovechada consiste en una difracción de ondas planas incidentes de electrones $\sim \exp(i\vec{k}.\vec{r})$ en los troncos de los átomos. Como resultado se tienen manifestaciones de interferencia características por cuya aparición se puede obtener fácilmente una vista de conjunto utilizando la construcción de Esfera EWALD (fig. 3.18); vista que puede observarse o registrarse sobre una pantalla luminosa o sobre una película. La intensidad del rayo de difracción se infiere mediante la suma correcta total de fase de las ondas esféricas $\sim 1/r \exp(i\vec{k}.\vec{r})$ provenientes de los átomos a difractar.

El resultado ha sido derivado - a partir de LAUE 1912 - para rayos X y puede ser tomado aquí para el caso de difracción de electrones. Así, para la identidad de la onda de dispersión nos da la expresión:

$$J \sim \frac{\sin^2 \frac{1}{2} M_1 \vec{a}_1 \cdot \Delta\vec{k}}{\sin^2 \frac{1}{2} \vec{a}_1 \cdot \Delta\vec{k}} \cdot \frac{\sin^2 \frac{1}{2} M_2 \vec{a}_2 \cdot \Delta\vec{k}}{\sin^2 \frac{1}{2} \vec{a}_2 \cdot \Delta\vec{k}} \cdot \frac{\sin^2 \frac{1}{2} M_3 \vec{a}_3 \cdot \Delta\vec{k}}{\sin^2 \frac{1}{2} \vec{a}_3 \cdot \Delta\vec{k}}.$$

En este caso a_j son las translaciones de la red cristalina, M_j son las cantidades de centros activantes de dispersión en dirección de las translaciones más primitivas [$M_1\vec{a}_1 \cdot (M_2\vec{a}_2 \times M_3\vec{a}_3)$ es prácticamente el tamaño del cristal] y $\Delta\vec{k}$ es la diferencia vectorial entre los vectores de onda de la onda primaria irradiada $\vec{k}$ y la onda dispersada $\vec{k}'$

$$\vec{k} + \Delta\vec{k} = \vec{k}'; \quad |\vec{k}| = |\vec{k}'| = 2\pi/\lambda.$$

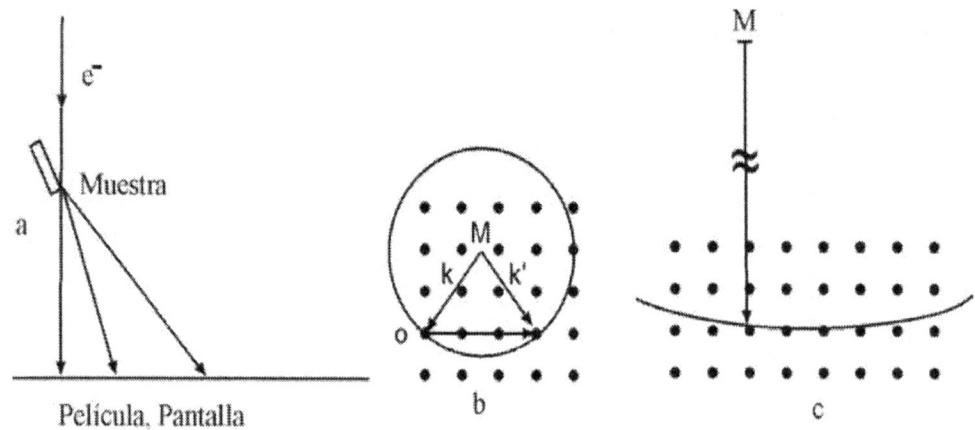

Fig. 3.18 Geometría de la muestra (a) y construcción de la Esfera EWALD para el caso de rayos X ($\lambda \approx a$) (b) y electrones ($\lambda \ll a$) (c).

El resultado es válido bajo los siguientes supuestos:

- Cada electrón (quantum de rayos X) sólo experimenta una acción dispersora.

- La dispersión tiene lugar de manera puramente elástica, no se produce ninguna modificación de energía sino solamente modificación de impulso.

- La intensidad del rayo de dispersión es pequeña comparada con la intensidad primaria.

De la fórmula de intensidad para la onda dispersada se extraen dos importantes resultados:

- Para los denominadores en extinción, esto es para $\Delta \vec{k} = \vec{g}$ parecen máximas de pendiente ($\vec{g}$: vector reticular recíproco)

- La pendiente de las máximas es una función del numero de centros activos de dispersión M_j. En la dirección espacial, en la que la cantidad activa de los centros de dispersión es especialmente pequeña, la cantidad cae siendo menos fuerte hasta cerca de cero.

La primera expresión encuentra su correspondencia geométrica en la construcción de la Esfera EWALD (fig. 3.18): Se obtienen marcadas intensidades de dispersión en todas las direcciones $\vec{k}$', en las que a partir del punto medio de la Esfera EWALD se hallan puntos reticulares recíprocos sobre la superficie de dicha esfera. Debido a la pequeñez de la longitud de onda del electrón, la curvatura de la Esfera EWALD es sustancialmente mínima comparada con el caso de rayos X; la imagen de difracción es practicamente un corte plano que pasa por la retícula recíproca del cristal.

La segundo expresión contiene prácticamente la teoría de LAUE de las puntas: para un cristal infinito las puntas reticulares recíprocas son puntos en el sentido matemático. Para un cristal finito se obtiene en torno de cada punto reticular recíproco una zona de intensidad. Aparecen entonces marcadas intensidades, si la Esfera EWALD no corta exactamente el punto reticular recíproco sino que solamente pasa por la zona de intensidad.

La expansión de la zona de intensidad en el espacio recíproco se relaciona recíprocamente con la expansión del cristal en el espacio real (fig. 3.19). La forma del reflejo se da entonces mediante la figura de corte de la Esfera de EWALD con la zona de intensidad.

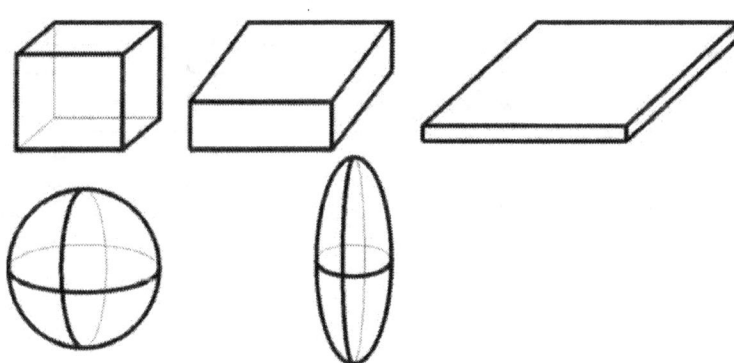

Fig. 3.19 Formas de cristal y sus corespondientes zonas de intensidad en el espacio recíproco.

Especialmente todos los puntos reticulares recíprocos sufren una excrecencia puntiforme en esas direcciones, en las cuales la cantidad de centros de dispersión activos es muy pequeña (capas delgadas p.ej.). Para la difracción electrónica en superficies atómicas lisas con incidencia rasante, la profundidad de penetración está prácticamente limitada a unas pocas capas atómicas.

La retícula espacial es aquí casi bidimensional, la correspondiente retícula recíproca se compone de "barritas" cuyo eje longitudinal coincide con la dirección de la normal de la superficie. A partir del hecho de que el eje de la barra, en el origen de la retícula recíproca para el caso de la difracción del electrón - reflexión, se desarrolla de manera longitudinal a la Esfera de EWALD, se tiene como resultado la característica forma largo-extendida de los reflejos de difracción.

En la figura 3.20 se muestran las condiciones para la difracción en incidencia rasante tanto para superficies atómicas rugosas como lisas.

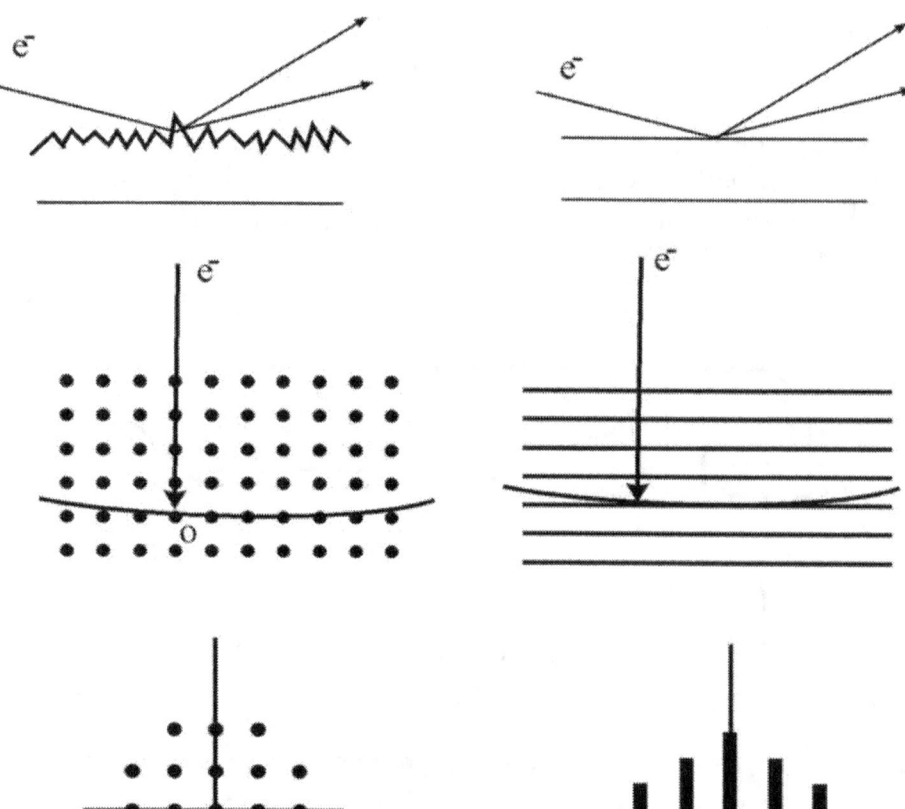

Fig. 3.20 Representación esquemática de la disposición geométrica de la construcción de la Esfera EWALD y de la imagen de dispersión esperada para la difracción electrón - reflexión en superficies de cristal rugosas y atómicamente lisas.

Es evidente que la difracción de reflexión en superficies atómicas lisas está vinculada a superficies absolutamente limpias (ultraalto vacío, UHV), esto debido a la mínima profundidad de penetración externa de los electrones. Los experimentos de difracción en superficies rugosas son posibles en el alto vacío normal. En este caso las pequeñas displanicidades del objeto son irradiadas por los electrones incidentes y las eventuales impurezas en forma de capa (monoatómica) de absorbato no juegan prácticamente ningun papel. Por otra parte, la propiamente dicha difracción de electrón - reflexión (electrones rápidos) en superficies atómicas lisas es un método muy sensitivo para la detección de modificaciones en las primeras capas del cristal (p.ej. reconstrucción de superficies, limpieza del objeto).

3.5.2 Realización a nivel técnico

Debido a que la RHEED en sentido propio está vinculada a condiciones UHV, se requiere de un cañon de electrones eficaz a nivel UHV. La muestra a ser examinada debe estar limpia y ser manipulable en UHV. Esto quiere decir que se necesita un desplazamiento de translación de la muestra perpendicular al haz de electrones, una posibilidad de inclinación (ajuste del ángulo de Bragg θ) y un giro azimutal en torno a la normal de la superficie de la muestra. El rayo de electrones primario debe ser ajustable y enfocable. Para la obtención cuantitativa de parametros reticulares es indispensable el conocimiento de la distancia muestra-pantalla luminosa (nivel de película). Para la difracción de electrones en incidencia rasante de superficies de cuerpos sólidos rugosas a nivel microscópico son suficientes las condiciones de alto vacío. Para la manipulabilidad de la muestra son válidas las exigencias mencionadas. Con ello, los exámenes mencionados son prácticamente realizables con microscopios electrónicos disponibles comercialmente en tanto que el aparato para la difracción de electrones esté ajustado según la trayectoria de rayos de Lebedeff.

Información obtenible

Información respecto a la morfología

- Rugosidad de la superficie
- Planos vecinales
- Distancia de escalones atómicos.

Información respecto a la estructura

- Amorfa-policristalina-monocristalina
- Simetría, estructurada del cristal, parámetros reticulares, orientación de fallas
- Fases extrañas, cortes, límites granulares
- Epitaxia, grado de epitaxia, textura, principio epitaxial
- Formación gemelar, fallas de apilamiento
- Capas de absorbato.

Monitoreo de RHEED

- Control de excrecencias
- Representación controlada de superretículas y estructuras de onda multiquantum.

Calibración de la técnica de medición

Para la determinación de constantes de red da buen resultado el comparar la imagen de difracción obtenida con una sustancia de parámetros de retícula conocidos (p.ej. TlCl, policristalizado al vacío, proporciona gran cantidad de anillos de difracción precisos), a fin de evitar una inexactitud tanto en la determinación de la longitud de onda - electrón aplicada como también en la constante de cámara.

Las distancias de los reflejos de difracción del reflejo primario a la pantalla luminosa se relacionan recíprocamente respecto a las correspondientes distancias de planos reticulares.

3.5.3 Sensibilidad y resolución

Sensibilidad

Debido a la mínima profundidad de penetración (interacción - Coulomb) de los electrones rápidos en el caso de incidencia rasante sobre superficies de cuerpos sólidos, RHEED proporciona informaciones sólo relativas a zonas cercanas a la superficie (superficies rugosas a nivel micróspico). La exactitud con respecto a la determinación de constante de retícula está aproximadamente dos órdenes de magnitud por abajo de los métodos de rayos X usuales. Las informaciones respecto a la aparición de defectos gemelares o de apilamiento tienen carácter sumario debido a que el haz de electrones se integra siempre sobre una zona mayor de la muestra (incidencia rasante).

Resolucion de profundidad

Informaciones sólo sobre zonas cercanas a la superficie (ver también punto 3.5.2) o bien primeras capas atómicas.

Resolución lateral

Es posible la focalización del haz de electrones en el plano de la muestra en $< 1 \ \mu$m. La integración en la mayoría de las veces es sobre la longitud total de la muestra.

3.5.4 Limitaciones, requisitos para la muestra, combinabilidad

Limitaciones

RHEED no es una prueba destructiva, no es posible un análisis químico. El metodo esta vinculado a materiales eléctricamente conductores o semiconductores (si no, hay sobrecarga) y sólo se puede emplear en condicciones de vacío. Es una condición la resistencia de la muestra contra la radiación de los electrones.

Requisitos de la prueba

Superficie de muestra limpia y plana. Es posible la prueba de conducción o semiconducción eléctrica de aislantes, si mediante el bombardeo de iones se compensan las apariciones de sobrecarga por los electrones incidentes.

Combinación típica con otros métodos

Es posible el acoplamiento con electroluminiscencia. Las oscilaciones RHEED sirven para el control de crecimiento de capas delgadas en el proceso MBE.

Combinación con la epitaxia de haz molecular(MBE)

El método RHEED ha ganado importancia precisamente en los últimos años (monitoreo RHEED). Es compatible en primer lugar con UHV, de modo que puede ser consultado en aparatos MBE para la caracterización de superficies cristalinas crecientes: El haz de electrones de alta energía está prácticamente en condiciones de distinguir, tratándose de una superficie cristalina creciente (crecimiento capa por capa), entre una superficie cristalina semicubierta y una completamente cubierta. La intensidad de los rayos difractados (por ejemplo el rayo "espejado") cambia periodicamente con el grado de cubrimiento (oscilaciones RHEED) y hace posible con ello una sencilla enumeración de los planos reticulares de crecimiento. Con ello, en el proceso MBE el crecimiento de cristales se ha hecho prácticamente controlable. Aprovechando las oscilaciones RHEED se pueden actualmente hacer realidad las llamadas superredes (sucesión regular de planos reticulares GaAs y GaAlAs; aprox. 100 periodos por cada 8 planos reticulares GaAs y 10 niveles reticulares GaAlAs, por mencionar un ejemplo) cuyas superficies heterolímites se hallan abruptamente a nivel atómico y cuya elaboración esta siendo dominada de manera reproducible.

3.5.5 Ejemplo

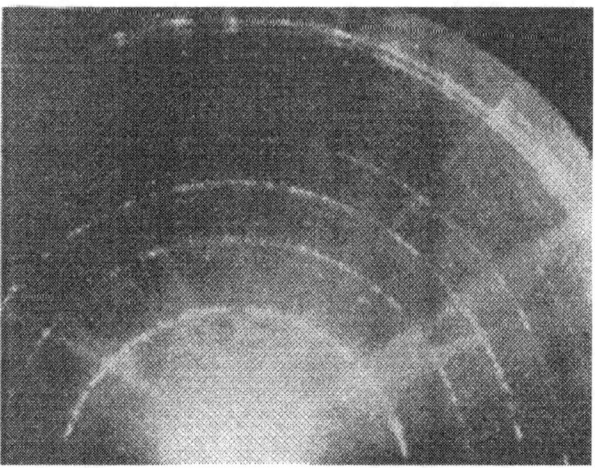

Padrón de RHEED de una superficie de silicio con reconstrucción 7x7.

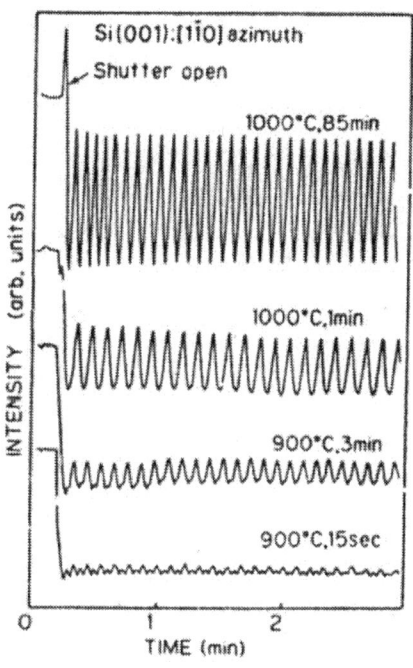

Oscilaciones de la intensidad de un reflejo RHEED, dependiendo de la formación de una secuencia de monocapas.

3.5.6 Bibliografía

Braun W.: *Applied RHEED*, Springer-Verlag Berlin 1999

Cohen P. I.: *Surface characterization by LEED, RHEED, REM, STM and holography*, North-Holland Amsterdam 1993

Hermann M., Sitter H.: *Molecular Beam Epitaxy*, Springer-Verlag Berlin, Heidelberg, New York 1989

Laue M. V.: *Röntgenstrahlinterferenzen*, Akad. Verlagsgesellschaft Frankfurt/Main 1960

Khatamian D., Lalonde S. D.: *Crystal structure of thin oxide films grown on Zr-Nb alloys studied by RHEED*, Whiteshell Laboratories, Pinawa Manitoba 1996

Kim H. J.: *Study of Si(001) and the adsorbate system Si(001)-Pb with LEED, STM and ARPES using synchrotron radiation*, Hamburg, Univ. Diss., Hamburg 1996

Neave J. H., Joyce B. A., Dobson P. J.: *Appl. Phys.*, A34 (1984), 179

Röther H., in: *Handbuch der Physik XXXIII*, S. 443, Springer-Verlag Berlin 1957

Tempel A., Schumann B.: *Kristall u. Technik*, 14 (1979), 571

Tempel A., Seifert W.: *Kristall u. Technik*, 10 (1975), 741

Capítulo 4

Métodos Espectroscópicos de Electrones

XPS pág. 117

UPS pág. 129

Capítulo 4

4.1 XPS - X-ray Photoelectron Spectroscopy

Espectroscopía de Fotoelectrones por Rayos X

4.1.1 Principio físico

Un rayo de cuantos colimados de rayos X alcanza la muestra y penetra en ella con un debilitamiento exponencial:

$$I(z) = I_O \cdot exp(-z/\lambda \cos \vartheta)$$

I(z) : Intensidad dependiente de la profundidad
I_O : Intensidad primaria
λ : Constante de amortiguación
ϑ : Angulo polar de incidencia (ángulo respecto a la normal de la muestra)

En este caso, fotoelectrones liberados abandonan la muestra y son espectroscopiados.

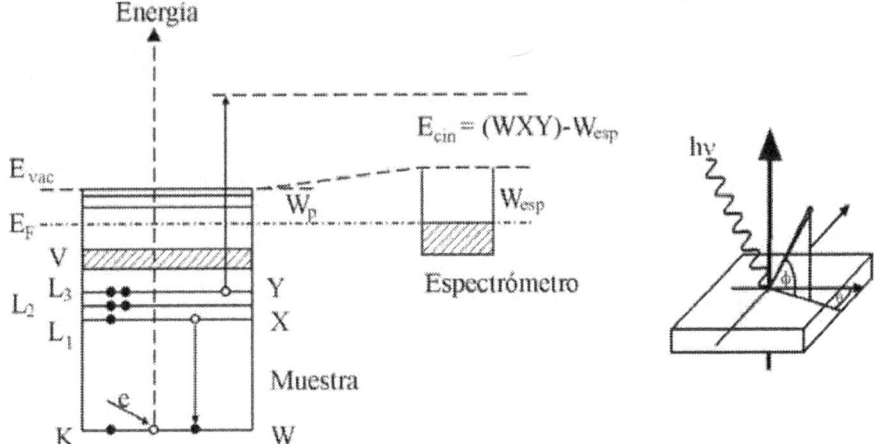

Fig. 4.1 Proceso de excitación (a) y disposición técnica del experimento (b) en el procedimiento XPS.

4.1.2 Realización a nivel técnico

Para la excitación se requiere de radiación X monocromática. Se utiliza radiación X característica (fuentes de radiación típicas según la tabla 1), cuya amplitud natural de línea puede ser reducida mediante monocromadores con pérdida considerable de intensidad a aproximadamente 0.2 eV, o se utiliza también radiación de sincrotrón monocromatizado. La última tiene las siguientes ventajas:

- Determinabilidad completa en una amplia zona de espectro.
- Polarización.
- Estructura de impulso (favorable para con resolucion de tiempo).

Siendo sus desventajas:

- Mínima disponibilidad.
- La intensidad espectral es actualmente no mayor a aquellas de radiación X característica con tubos usuales de rayos X de alto rendimiento.

Tipo de radiación	Energía E/eV	Ancho de línea E/eV	Observación
Cu Kα	8048	2.5	rara vez usado, principal-
Ti Kα	4511	2.0	mente para análisis "casi a granel"
Al Kα	1487	8.8	las fuentes más frecuentes
Mg Kα	1254	0.7	de excitación en XPS
Nb Mζ	171.4	1.2	"sincrotrón del hombre pe-
Zr Mζ	151.5	0.8	queño"
Y Mζ	132.3	0.5	

Tabla 1 Fuentes típicas de excitación en XPS (póngase atención al *gap* de energía entre 0.2 keV y 1 keV).

Los electrones al ir saliendo de la muestra son comúnmente analizados por un espectrómetro de energía dispersiva. La mayoría de las veces se emplean analizadores electrostáticos, cuya resolución de energía es de $\Delta E/E \approx 10^{-4}$. La espectroscopía misma demanda condiciones de alto vacío. Si se tuviera que hacer uso de la sensibilidad superficial del método se requiere entonces de UHV. La prueba tiene lugar en un manipulador que permite el ajuste de la muestra en relación con el espectrómetro. Generalmente se dispone de un medio de calentamiento de la muestra. Frecuentemente el aparato XPS se subdivide en una cámara de medición y una cámara de preparación, estando la última equipada con equipos para limpieza de la muestra *in situ*, para metalización, adsorción de gases, etc. En XPS la resolución se ve limitada principalmente por la fuente de radiación.

Información obtenible:

- Análisis químico de elementos para cuerpos sólidos y fluidos con baja presión de vapor (vía etapas de presión/enfriamiento: cualesquiera sustancias).

- Análisis químico de elementos para gases (se requiere de una tecnica experimental especial no abordada aquí en detalle).

- Reconocimiento de la estructura de enlaces químico.

- Determinación de los estados discretos de energía de átomos y de estados de enlace colectivo (estructura de banda) cuerpos sólidos.

- Obtención de secciones eficaces de fotoionización.

Posibilidades de variación en relación con sonda, muestra y comprobación:

- Variaciones en relación con la sonda: cuantos de rayos X.

Parámetros	Magnitudes/efectos influenciados
Energía cuántica	Sección eficaz de efecto de fotoionización. Energía y profundidad de salida de los fotoelectrones
Intensidad	Rendimiento de fotoelectrones. Efectos de radiación (craqueo de enlaces etc.). Efectos no lineales (intensidades requeridas en zona de rayos X no disponibles actualmente)
Angulo de incidencia	Profundidad de penetración, grado de reflexión
Direccion de polarización (s,p)	Fotoionización selectiva de acuerdo con la geometría orbital

- Manipulación de la muestra.

Manipulación	Información
Estado superficial (adsorción/desorción/segregación)	Especies químicas y estados de vinculación
Desbaste de capa	Información de la profundidad
Estructura química gruesa (calentamiento, bombardeo iónico)	Transiciones de fase, reacciones químicas, rupturas de enlaces, difusión, dotaciones

- Contenido informativo de las partículas de comprobación: fotoelectrones.

Magnitud de medición	Información
Rendimiento total de los fotoelectrones (*fotoelectric yield*)	Estados superficiales, curvatura de banda, coeficientes de reflexión y adsorción
Distribución de energía $N(E)$	Densidad de estado de los electrones en cuerpos sólidos (y la formación química y específica de elementos allí contenida)
Distribución angular Distribución de estados *espín*	Lo mínimo (de ahí que lo usual no sea XPS) Configuración *espín* en las orbitales/bandas

Calibración a nivel de técnica de medición

El calibrado de la escala de energía se efectúa mediante muestras estándar (por ejemplo Ag). Esto es necesario ya que la función de trabajo del espectrómetro se incluye en el balance de energía.
Para la revisión se puede utilizar el pico-ls de carbono de la contaminación de la muestra (284.5 ... 285.3 eV). En XPS de aislantes se puede cargar la muestra positivamente por medio de la emisión de fotoelectrones. Por este medio aparecen los picos específicos de elemento para otras energías. Es posible un nuevo calibrado de la escala de energía por medio de picos C ls, si se presupone un cargado constante de la muestra. Ya que esto en cuanto a exactitud es sólo de orden aproximativo. En el momento del cargado es posible un análisis de elementos pero no una investigación de la estructura fina.

4.1.3 Sensibilidad y resolución

Sensibilidad:

En relación con la comprobación de elementos la sensibilidad de comprobación aumenta con el número atómico, pero la máxima diferencia dentro del SPE no es mayor a un orden de magnitud. No es comprobable: H, He.
Sensibilidad típica de volumen específica de elementos:
   1 átomo - %.
Sensibilidad típica superficial específica de elementos:
   0.05 monocapas.

Resolución de profundidad

Se obtienen, dependiendo de la selección de parámetro, informaciones de profundidades de 50 Å... 1000 Å(valores medios integrales). Mediante la medición repetida con variación de parámetros es posible tener informaciones específicas de capa.

Reducción de la resolución al aumentar la profundidad. Es posible una constante resolución de profundidad mediante desgaste (p. ej. mediante desprendimiento por bombardeo) de la capa (tener cuidado con modificaciones de la capa por influencia del bombardeo!).

Resolución lateral

Aproximadamente 1 ... 3 mm

4.1.4 Limitaciones, requisitos para la muestra, combinabilidad, problemas de interpretación

Limitaciones:

- XPS no proporciona ninguna información respecto a la geometría y estructura real de la construcción molecular.

- XPS no permite ninguna medición resuelto en ángulo (como consecuencia de la gran transferencia de impulso, a través de los cuantos de rayos X se miden solamente valores medios sobre la zona de Brillouin).

Requisitos para la muestra

Plana, pulida, diámetro $\geq$ 4 mm, cualquier espesor, superficie base y de cubrimiento paralelas lo más posible; en experimentos con calentamiento de la muestra es ventajoso un menor espesor de la muestra (0.2 ... 1 mm). Es útil la conductividad eléctrica (evitar el efecto electrostático).

Combinación típica con otros métodos

La mayoría de las veces XPS, UPS y AES están reunidos en un sólo aparato (utilización del mismo espectómetro). Para UPS se requiere adicionalmente de una fuente UV; en AES pueden emplearse los electrones de Auger inducidos por rayos X, o bien se utiliza una fuente separada de electrones para la excitación (mayor sección eficaz de activación, no obstante mayor trasfondo de electrones secundarios).

Problemas de interpretación:

• Análisis cuantitativo de elementos.

El análisis cuantitativo de elementos se efectúa de manera similar a como en AES. Debe tener como punto de partida un modelo de capa, el cual se base en conocimientos *a priori* y pueda apoyarse en las mediciones XPS considerando la variación de la profundidad de salida. De manera especialmente sencilla se configura el caso de una entremezcla homogénea. Para la corriente de fotoelectrones de nivel n del elemento x se aplica:

$$I_{x,n} = S_{x,n} \cdot C_x \cdot K$$

donde $S_{x,n}$ es un factor de sensibilidad de nivel específico de energía y de elementos, C_x es la concentración relativa de elementos de x; y K es una magnitud constante dependiente de las condiciones experimentales bajo condiciones de medición no modificadas. La dependencia de matriz de $S_{x,n}$ es generalmente más pequeña que en el caso de AES. Subsecuentemente se aplica:

$$C_x = \frac{I_{x,n}}{S_{x,n} \cdot K}$$

$$\sum_i C_i = 1 = \frac{1}{K} \sum_i \frac{I_i}{S_i}$$

$$K = \sum_i \frac{I_i}{S_i}$$

$$C_x = \frac{I_{x,n}/S_{x,n}}{\sum_i (I_i/S_i)}$$

Los factores de sensibilidad se encuentran en forma tabular (sólo utilizables en caso de contarse con una comparable característica de transmisión del espectrómetro).

- Evaluación de los desplazamientos a nivel de tronco.

Los enlaces químicos conducen a modificaciones en la densidad de carga orbital atómica y con ello a desplazamientos de la energía orbital aun de los niveles tronco (core-level-shifts). Es esencial que estos desplazamientos se superpongan casi linealmente; lo cual quiere decir que se puede lograr un sistema de incremento para el análisis de enlaces como se describe a continuación:

- Un enlace A-B lleva a desplazamientos de nivel tronco definidos en A y B, mismos que aumentan habiendo diferencia de electronegatividad creciente entre A y B (o sea intercambio de carga multiplicado).

- Una formación n del mismo enlace resulta en un cambio (shift) multiplicado n veces.

- Los desplazamientos de pico medidos en muestras estándar se pueden transferir sin grandes correcciones a muestras de medición.

Confiabilidad de la interpretación

- Para el análisis cuantitativo de elementos los resultados dependen de la modelación de la capa.

- Para la interpretación de desplazamientos pico y satélites, además del desplazamiento químico, deben de tomarse en consideración:

    - La relajación intra-atómica: Después de la fotoionización aparece un nuevo campo autoconsistente que conduce al descenso de las energías de las monopartículas en la capa atómica. Esta cantidad de energía (energía de relajación ΔE_R^{in}) será conducida conjuntamente por el fotoelectrón. ΔE_R^{in} es pequeña cuando los electrones están fuertemente colectivizados (cuerpos sólidos con bandas sobrepuestas entre sí), y es grande a niveles localizados donde la ionización conduce a modificaciones de consideración.

    - Relajación extra-atómica: Mediante la polarización del entorno de los átomos fotoionizados se transferirán en parte al fotoelectrón las emergentes modificaciones energéticas en forma de energía de relajación extra-atómica ΔE_R^{ex}.

    - Proceso *shake-up*: Además de la ionización ocurre al mismo tiempo una excitación de subsecuentes estados de energía del átomo,

Métodos espectroscópicos de electrones

lo cual conduce igualmente a la modificación de la energía del fotoelectrón.

- Proceso *shake-off*: La fotoionización ocurre en un átomo que no se encuentra en su estado básico (excitado o ionizado) y que por consiguiente dispone de energías de partícula modificadas.

- Desunión múltiple adicionalmente inducida: La órbita nuclear ionizada tiene un espín no saturado. Si el átomo que está siendo afectado cuenta con una valencia $S \neq 0$ de la órbita, entonces aparece entre ambas órbitas una interacción.

• El análisis cuantitativo requiere del conocimiento de las longitudes medias de trayectoria libres λ, para las cuales, especialmente tratándose de compuestos, sólo se dispone de un insuficiente material de datos.

4.1.5 Ejemplos

Ejemplo 1:

El cambio energético del pico C-1s en $CH_3=Cl$ respecto a CH_4 ha de determinarse a partir de mediciones en CH_4 y CCl_4. Siendo $E^C_{CH_4}$ la capa energética del pico C-1s en CH_4 y análogamente $E^C_{CCl_4}$ la correspondiente a CCl_4.
Tenemos entonces que:

$$\begin{aligned}
E^C_{CH_3Cl} - E^C_{CH_4} &= \frac{1}{4}(E^C_{CH_4} - E^C_C) \\
&\quad + \frac{3}{4}(E^C_{CH_4} - E^C_C) - \\
&\quad - (E^C_{CH_4} - E^C_C) \\
&= \frac{4}{4}(E^C_{CCl_4} - E^C_{CH_4})
\end{aligned}$$

Espectro XPS típico.

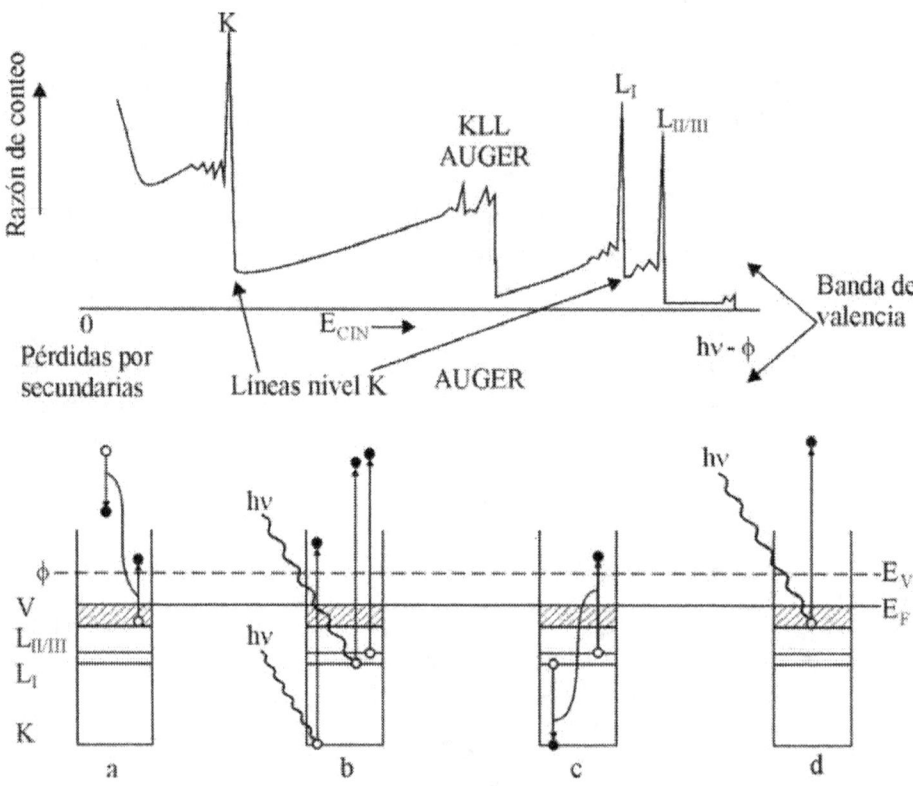

Fig. 4.2 Espectro esquemático XPS y procesos correspondientes:
a) Pérdida no elástica b) Excitaciones a nivel nuclear c) Transiciones de Auger d) Excitación de banda de valencia.

Ejemplo 2:

XPS encuentra aplicación en la química orgánica para el análisis de la estructura. Por ejemplo, en etilfluoroacetato cada uno de los 4 átomos de C de la molécula tiene un ambiente químico diferente con lo que con electronegatividad creciente -a partir de hidrógeno vía carbono, oxígeno y flúor- aumenta la transferencia de carga y con ello el desplazamiento químico. El espectro XPS muestra 4 picos C-1s cambiados de igual intensidad, tal como lo demuestra la Fig. 4.3. La fórmula molecular muestra los átomos de C en misma secuencia que las correspondientes líneas ESCA.

Métodos espectroscópicos de electrones

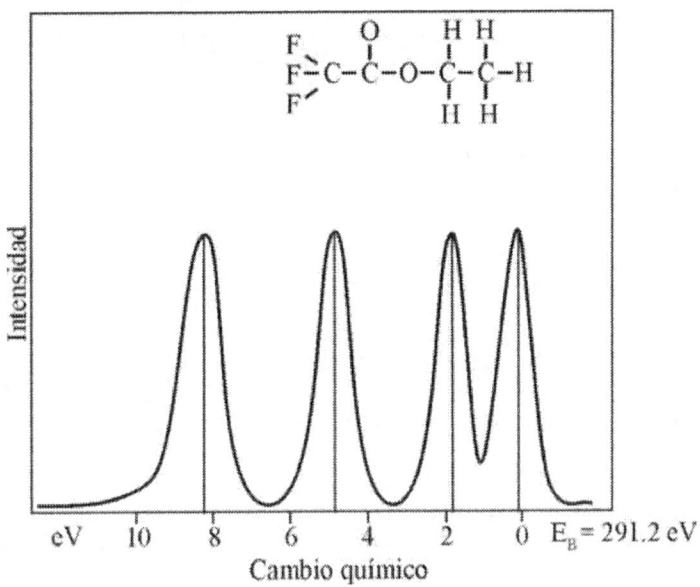

Fig. 4.3 Líneas C-1s de etilfluoroacetato en XPS.

4.1.6 Bibliografía

Beamson G.: *Characterisation of PTFE on silicon tribological transfer films by XPS, imaging XPS and AFM*, Daresbury 1995

Beamson G.: *High resolution XPS of organic polymers*, Wiley, Chichester, 1992

Brümmer, O.: *Festkörperanalyse mit Elektronen, Ionen und Röntgenstrahlen.*, Akademie Verlag Berlin 1980

Briggs D.: *Surface analysis of polymers by XPS and static SIMS*, Cambridge Univ. Press, Cambridge 1998

Briggs, Seah: *Practical surface analysis by XPS and AES.*, New York 1983

Bustad J.: *Computational studies of core level XPS satellites in transition metal systems*, Almqvist & Wiksell, Stockholm 1995

Cardona, M., Ley, L.: *Photoemission in solids.*, Springer-Verlag Berlin, Hdbg., N. Y. 1979

Cardona M., Ley L.: *Photoemission in solids*, Springer-Verlag Berlin, Hdbg. New York 1979

Carlson, T. A.: *Photoelectron and AUGER spectroscopy.*, Plenum Press, New York 1975.

Claussen N.: *XPS-Untersuchungen unter strukturellen Aspekten an Denox-Katalysatoren aus hochungeordneten Mischoxiden*, Hamburg, Univ. Diss., Hamburg 1997

Crist B. V.: *Handbook of monochromatic XPS spectra*, Wiley Chichester 2000

Cumpson P. J., Seah M. P.: *Guidelines for the expression of uncertainties in surface chemical analysis by auger electron spectroscopy (AES) and X-ray photoelectron spectroscopy (XPS)*, National Physical Laboratory Teddington, Middlesex 1993

Ibach, H.: *Topics in current physics.*, Vol. 4 Electron spectroscopy for surface analysis, Springer-Verlag Berlin, Hdbg, N. Y. 1979

Iwamoto Y.: *Electronic surface and bulk contributions to core-level XPS, XAS and BIS in CePd 7 compounds*, Inst. for Solid State Physics, Univ. Tokyo, Tokyo 1994

Moulder J. F.: *Handbook of X-ray photoelectron spectroscopy*, Eden Prairie, Minn. 1995

Rodríguez A., Munuera G.: *Fundamentos y aplicaciones analíticas de la espectroscopía de fotoelectrones (XPS/ESCA)*, Servicio de Publ. de la Univ. Sevilla 1986

Wagner Ch. D.: *The NIST X-ray Photoelectron Spectroscopy (XPS)*, U.S. Government Printing Office Washington, DC 1991

Wilson, S.: *Comprehensive analytical chemistry.*, Volume II C

4.2 UPS - Ultraviolet Photoelectron Spectroscopy

Espectroscopía de Fotoelectrones por UV

4.2.1 Principio físico

Un rayo en haz de luz ultravioleta alcanza la superficie de la muestra y penetra en ella con debilitamiento exponencial. Los fotoelectrones así liberados abandonan la muestra y son espectroscopiados. Los que en esta circunstancia ofrecen un alto contenido de información son sólo aquellos fotoelectrones que en la trayectoria hacia la superficie han sufrido una mínima o bien ninguna pérdida de energía. Estas ondas de electrones se debilitan igualmente de manera exponencial. Una problemática principal de UPS estriba en el hecho de que al interior del cuerpo sólido los estados de energía tienen el carácter de bandas aun por sobre la energía de Fermi. Sólo con energías de más de unos 50 eV arriba de la energía de Fermi (varía un tanto con la sustancia) existe un cuasicontinuo energético, el cual ya no impone ninguna limitación más al proceso de fotoionización. Si la fotoenergía no es suficiente para reaccionar en este cuasicontinuo (lo que ocurre la mayoría de las veces), entonces el espectro UPS refleja una densidad conjunta de estado (*joint density of states*, JDOS), a partir de los estados de electrón ocupados y después de la fotoionización estados ocupables-no ocupados (cf. Fig. 4.4). Los cuantos UV incidentes tienen un impulso mínimo respecto a los electrones emergentes, por lo que la distribución de los componentes de impulso de electrón (que al abandonar la superficie permanecen inmodificados) refleja de manera paralela a la superficie la distribución de impulso en el interior del cuerpo sólido y con ello su estructura de banda. La UPS de resolución angular (ARUPS) permite por consiguiente mediciones de la estructura de banda para lo cual el espectrómetro o la muestra se balancean o giran.

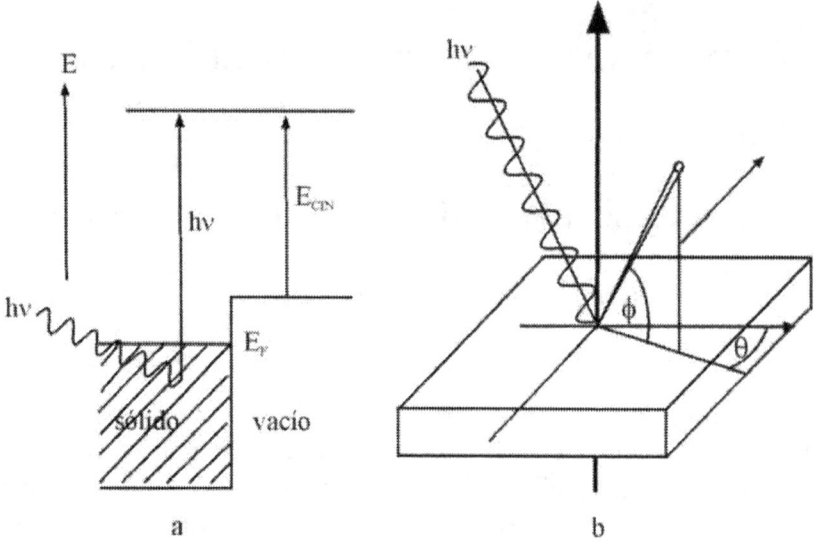

Fig. 4.4 Proceso de excitación (a) y esquema del experimento (b) en UPS.

4.2.2 Realización a nivel técnico

Para la excitación se requiere de radiación UV monocromática. Como fuentes de radiación hay disponibles:

- Radiación láser (hasta 4 eV, con duplicación de frecuencia hasta 8 eV).

- Radiación por sincrotrón (determinable de manera continua, disponible mediante alta inversión en aparatos)

- Lámparas por descarga de gas.

Estas representan la fuente de radiación usada con más frecuencia. La presión de trabajo en las lámparas de descarga es de ≈ 1 Torr. Debido a que para $h\nu > 12$ eV no se tiene disponible ningún material de mirilla apropiado, la diferencia de presión hacia los recipientes UHV debe de mantenerse mediante etapas de bombeo diferenciales, con lo que en el aparato UHV generalmente no se puede alcanzar un vacío mejor que el de 10^{-8} Torr. De aquí que se empleen principalmente gases inertes a fin de no influir sobre el estado de la muestra (ver tabla 1). Debe de observarse que generalmente se emite irradiación de varias frecuencias (series), lo que requiere de una correspondiente corrección del espectro de fotoelectrones. La tabla 2 enumera los satélites de la radiación He-II utilizada con frecuencia (sencillamente He ionizado).

Tipo de radiación	Energía /eV
II	10.2
Ne-I	16.8
He-I	21.1
He-II	40.8

Tabla 1 Fuentes de radiación UV utilizadas con frecuencia.

Energía E/eV	Intensidad	Observación
40.8	100 %	Línea principal He-II
48.1	9 %	Satélites
51.0	3 %	
52.2	3 %	
53	3 %	Límite de serie

Tabla 2 Satélites de radiación He-II.

La energía de la radiación He-II (40.8 eV) representa una energía de límite superior para las fuentes de descarga de gas. Una ventaja lo es el mínimo ancho natural de línea de las fuentes UV ($\approx$ 20 meV), de modo que la resolución en UPS es limitada principalmente a través del analizador de energía (ΔE = 50 ... 100 meV). Se emplean principalmente analizadores electrostáticos de energía. Como consecuencia de la alta sensibilidad superficial de UPS se requiere de las condiciones UHV.

La prueba se encuentra en un manipulador que permite su ajuste respecto al espectrómetro y que con frecuencia está equipado con una unidad para calentamiento de la muestra. Muchas veces se tiene una subdivisión del aparato UPS en una cámara de medición y una de preparación, estando la última equipada con equipos para limpieza de la muestra, metalización, adsorción de gas, etc. *in situ*. En caso de UPS con resolución angular (ARUPS) el espectrómetro es girado alrededor de la muestra. Las típicas amplitudes de paso angular son de 2° ... 5°. En concordancia con la amplitud de paso angular debe de limitarse sustancialmente el ángulo espacial (a partir del cual los fotoelectrones son registrados y espectrometrizados) de aceptación del espectrómetro.

Los espectrómetros pueden ser utilizados de dos maneras:

- La "energía de paso" es escaneada, la resolución relativa de energía $\Delta E/E$ es constante.

- La "energía de paso" está fija y se escanea una tensión de retardamiento. En este caso la disolución absoluta de energía ΔE es constante.

Posibilidades de variación en relación con sonda, muestra o comprobación

- Variaciones en relación con la sonda: cuantos UV

Parámetros	Magnitudes/efectos influenciados
Energía de cuantos	Sección de fotoionización
	Energía y profundidad de salida de los fotoelectrones
	Influencia de la estructura de banda de los estados no ocupados
	Profundidad de penetración de la radiación
Intensidad	Rendimiento de fotoelectrones
	Efectos no lineales (actualmente sólo en rayos láser con duplicación de frecuencia)
Dirección de polarización (Ondas s,p)	Fotoionización selectiva según la geometría orbital

- Manipulaciones de la prueba.

Manipulación	Información
Preparación de determinadas reconstrucciones superficiales (p.ej. mediante calentamiento)	Modificación de la densidad electrónica de estado superficial (comprobación mediante espectros de diferencia)
Alteración de la composición superficial (adsorción, desorción, segregación)	Especies químicas y estados de enlace, influencia sobre la estructura de banda de valencia

Métodos espectroscópicos de electrones

- Contenido de información de las partículas de comprobación: fotoelectrones.

Magnitudes de medición	Información
Rendimiento total de fotoelectrones (*fotoelectric yield*)	Función de trabajo y alteración de la función de trabajo (*threshold spectroscopy*), contribución de la superficie a la densidad de estado, curvaturas de banda, informaciones de volumen
Distribución de energía dN/dE	Densidad de estado combinada (*joint density of states*)
Distribución angular $dN/d\omega$	Distribución de los vectores de onda paralelamente a la superficie, Estructura de banda
Distribución de estados espín	Configuración espín en las orbitales/bandas

Magnitudes mesurables:

- Examen de la estructura de banda de valencia de cuerpos sólidos cristalinos.
- Analítica de estados localizados y superficiales.
- Investigación de las relaciones entre geometría de la superficie (reconstrucción, superestructuras) y estructuras de banda de superficies limpias.
- Estudio de adsorbatos.

Calibraciones en la técnica de medición

Para la calibración se emplean líneas de gas inerte, mismas que se enlistan en la tabla siguiente:

Sustancia de calibración	Estados	Energía E/eV
He	$^2S_{1/2}$	25.59
Ne	$^2P_{1/2}$	21.66
Ar	$^2P_{1/2}$	15.94
Xe	$^2P_{1/2}$	13.44

Tabla 3 Estándares frecuentes para la calibración de la escala de energía.

4.2.3 Sensibilidad y resolución

Sensibilidad:

La pequeña energía del fotoelectrón produce, en combinación con la consiguiente pequeña densidad de salida, una alta sensibilidad de superficie. Asi, las diferentes reconstrucciones de una superficie perfectamente limpia serán visibles en el espectro. Igualmente, las huellas de adsorbatos (1 % de una monocapa) aportan modificaciones visibles.

Resolución de profundidad

Alta sensibilidad de superficie en el rango de 5 ... 30 Å.

Resolición lateral

Aproximadamente 1 mm.

4.2.4 Limitaciones, requisitos de la muestra, combinabilidad, problemas de interpretación

Limitaciones:

- UPS no proporciona directamente ninguna información respecto a la geometría y estructura real de la construcción reticular. Son posibles informaciones indirectas a través de los modelos de estructuras de banda.

- UPS suministra sólo de manera limitada información cuantitativa respecto a la constitución química del cuerpo sólido.

Requisitos para la muestra

Plana, pulida, diámetro $\geq$ 4 mm; espesor cualquiera, superficie de cubrición y de base en planos paralelos hasta donde sea posible. Teniéndose que llevar a cabo experimentos en los que la muestra debe de calentarse, se ha comprobado para estos casos, como lo más adecuado, una muestra delgada (0.2 ... 1 mm). Es útil una buena conductividad eléctrica (evitar cargas a la muestra).

Combinación típica con otros métodos

La mayoría de los casos XPS, UPS y AES están juntos en un solo aparato debido a que pueden utilizar el mismo espectrómetro energético- dispersivo.

Interpretación física de los resultados

- Cristalografía de superficies limpias:
  Los espectros de diferencia muestran amplias estructuras de crecimiento cuya interpretación es sólo accesible mediante los correspondientes cálculos de estructura de banda.

- Química de superficies cubiertas:
  Los adsorbatos contribuyen al espectro '*bulk*' mediante estructuras adicionales que son tanto más pronunciadas como más localizados estén los niveles de energía compartidos (o sea tanto menos colectivizados). Con energía cuántica creciente se simplifica la interpretación de los espectros.

- Al mismo tiempo los adsorbatos modifican en el espectro a las estructuras pertenecientes a sus socios de enlace, pero la mayoría de las veces no en la aparición de satélites energéticamente cambiados, sino en una variación de la estructura fina (*fingerprinting*).

En general se puede establecer que: UPS es más sensible que XPS en relación con cubiertas de superficie, pero más difícil de interpretar. UPS con resolución angular (ARUPS).

La componente del vector $\vec{k}$ paralela a la supeficie se mantiene como tal. Por lo consiguiente, la distribución medida de los componentes de impulso p, paralelos a la superficie, representa la distribución de los electrones en el espacio k en el interior del cuerpo sólido. Al momento de la evaluación deben de observarse los siguientes puntos:

a) Difracción:

La retícula periódica actúa como fuente discreta de impulso, esto con impulsos en unidades de vectores reticulares recíprocos.

b) Refracción:

La refracción es el resultado de la conservación de energía y componentes de impulso en forma paralela a la superficie. El componente de impulso en dirección normal dentro del cuerpo sólido es obtenido mediante $\vec{k}_\parallel$ y E a partir de la estructura de banda. Resultan en general varias posibilidades de $p_\perp$. La diferencia entre los valores relativamente indeterminados de $p_\perp$ en el cuerpo sólido, y el bien definido valor $p_\perp$ afuera, será tomada o entregada de la superficie como fuente de impulsos continuos. ARUPS es especialmente apropiado para el examen de adsorbatos. Aquí será directamente significativa la geometría de los orbitales a partir de los cuales se originan los fotoelectrones. Se pueden obtener informaciones sobre el ángulo de enlace, sobre hibridaciones, o sea, en general sobre la configuración de los electrones.

Confiabilidad de la interpretación

UPS requiere de experiencia en gran medida a fin de poder distinguir cualitativamente los espectros. De especial importancia es en este caso la comparación con espectros análogos. Así, los espectros de adsorbatos en determinadas configuraciones de hibridación son similares a los de gases con análoga hibridación. Debido a la multiplicidad de los análogos existentes no hay por tanto catálogos de utilización general (como sí es el caso de AES). No existen regímenes sencillos de evaluación para determinaciones cuantitativas de concentración. En mayor medida, como en el caso de XPS para la interpretación debe de acudirse a modelos teóricos.

4.2.5 Ejemplo

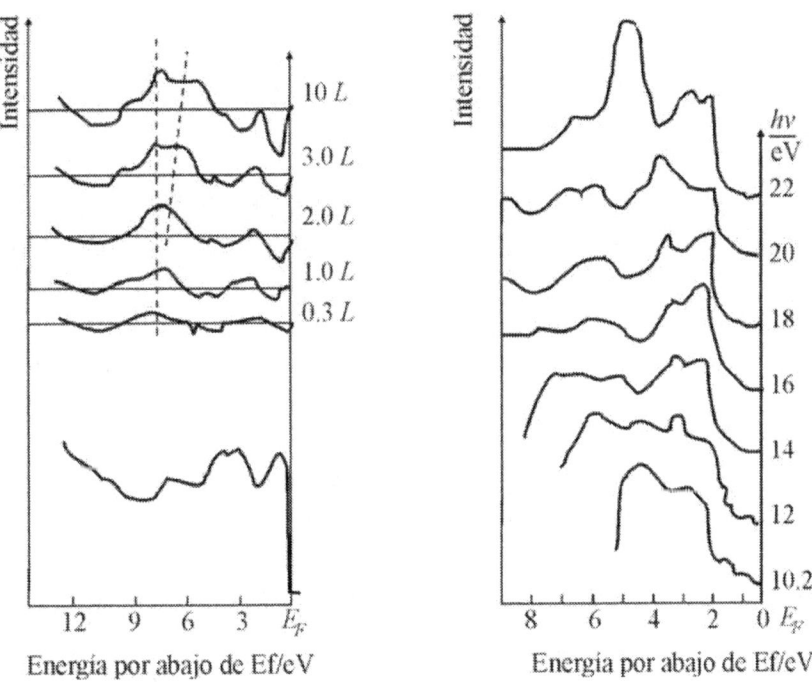

Fig. 4.5 Espectro-UPS típico. Izquierda: Espectro He-I de adsorción O en W(100). Espectro inferior: Superficie W limpia; encima: Espectros de diferencia con exposición creciente. Derecha: Espectros UPS de banda-valencia como función de la energía de excitación.

4.2.6 Bibliografía

Browning R.: *Ultraviolet photoelectron and photoion spectroscopy*, Elsevier Amsterdam 1979

Brümmer O.: *Festkörperanalyse mit Elektronen, Ionen und Röntgenstrahlen*, Akademie-Verlag Berlin 1980

Cardona M., L. Ley: *Photoemission in solids.*, Springer-Verlag Berlin, Hdbg., N. Y. 1979

Carlson T. A.: *Photoelectron and auger spectroscopy*, Plenum Press, New York 1975

Ertl G., Küppers J.: *Low energy electrons and surface chemistry*, Verlag Chemie, Weinheim 1974

Ibach H.: *Topics in current physics electron spectroscopy for surface analysis.*, Springer-Verlag Berlin 1977

Japan J.: *T. Miyahara (ed) Proceedings of the 11th International Conference on Vacuum Ultraviolet Radiation Physics*, Elsevier Amsterdam 1996

Lessmann A.: *Untersuchung von reinen und adsorbatbedeckten Ge(001)- und InSb(001)-Oberflächen mit XSW und ARUPS*, Hamburg, Univ. Diss., Hamburg 1993

Kakizaki A.: *XPS and UPS studies of electronic structures of YbB6*, Inst. for Solid State Physics, Univ. Tokyo, Tokyo 1992

Svehla G.: *Comprehensive analytical chemistry*, Volume 9, Amsterdam 1979

With K. R.: *STM/STS und ARUPS Studie der Wechselwirkung von C 60 Molekülen mit der Ge(111)-c(2x8) Oberfläche*, Stuttgart, Univ. Diss., Stuttgart 1998

Capítulo 5

Métodos Opticos y de Microscopía

STM   pág. 141

TEM   pág. 147

LORIM   pág. 165

LASER   pág. 179

Capítulo 5

5.1 STM - Scanning Tunnel Microscopy

Microscopía de Barrido por Tunelamiento

5.1.1 Principio Físico

En ultra alto vacío (UHV) una fina punta metálica es llevada hacia la muestra a una distancia en grado mínimo tal sobre la superficie a registrar en imagen, que al hallarse presente un mínimo voltaje V_T -y como consecuencia del efecto tunel cuantomecánico- fluye entre la muestra y la punta una corriente J_T (corriente de tunel). Considerando que la corriente túnel depende de una manera en extremo sensible de la distancia d entre la punta y la muestra según:

$$J_T \sim V_T e^{-A\sqrt{\phi d}}$$

ϕ: altura media de la barrera de tunel, $A = 1.025$ $(eV)^{1/2}$ $Å^{-1}$ en vacío, quiere esto decir que manteniendo constante la corriente túnel se puede tener el ajuste constante y exacto de la distancia d. Esto se logra mediante una suspensión piezoeléctrica, de modo que la variación de la piezotensión nos da una imagen confiable de la superficie-objeto con sus irregularidades superficiales. La en extremo sensible dependencia de J_T respecto a d permite una resolución de la imagen en dimensiones atómicas.

Ventajas de STM

- STM no ocasiona destrucción ya que los electrones de túnel son de baja energía (~ 10 eV). Por este medio son posibles imagenes de sustancias biológicas (p.ej. moléculas de DNA).

- Tomando como base el procedimiento de representación, STM no se reduce a sustancias monocristalinas.

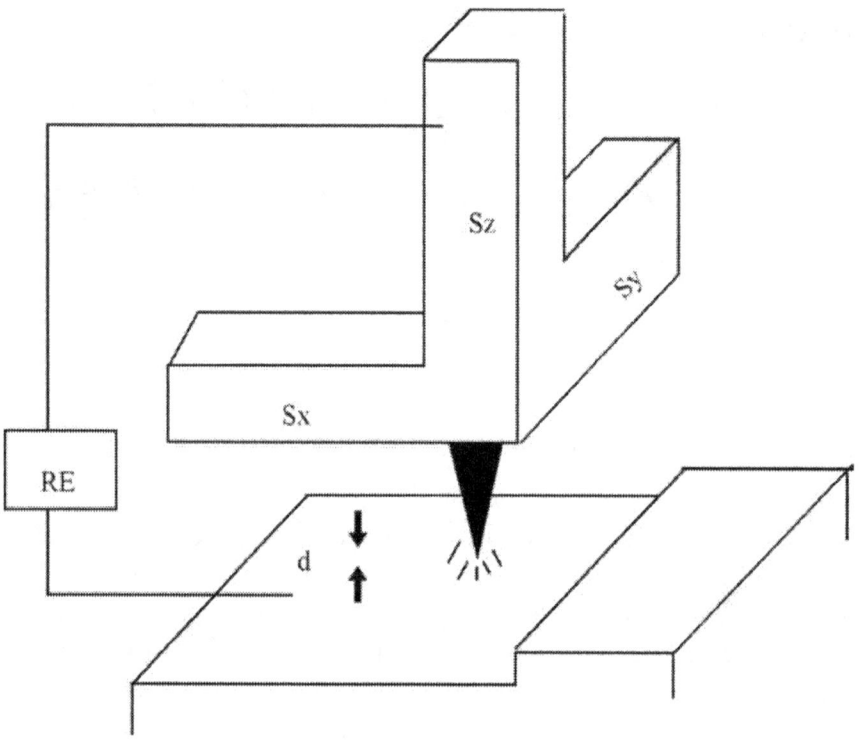

Fig. 5.1 Forma constructiva básica de un microscopio tunel de barrido.

5.1.2 Realización a nivel técnico

Las dificultades del método son puramente de tipo mecánico. La punta de la sonda debe de ser conducida de modo que siempre haya una distancia d (valor típico d $\approx$ 1 nm) constante por sobre la superficie de la muestra. Tal exactitud se logra sujetando la punta de metal en un trípode de cerámica piezoeléctrica. La forma constructiva básica se muestra en la fig. 5.1. Mediante la aplicación de la correspondiente tensión en los dos postes S_X y S_Y del trípode piezoeléctrico, la sonda se mueve sobre la muestra en dirección x ó y como consecuencia de la modificación piezoeléctrica de longitud de ambos postes. La tensión a aplicarse en el poste S_Z es regulada permanentemente por la corriente de tunel de modo que la distancia d se mantenga exactamente constante durante el movimiento de traslativo de la punta sobre la superficie de la muestra. La variación de la tensión que esté siendo aplicada al poste

Métodos Ópticos y de Microscopía

S_Z es la magnitud de medición y nos da una "imagen" exacta de la superficie real de la muestra. Una dificultad más es la que existe en la fabricación de las puntas. Mediante pulido al ácido pueden fabricarse puntas de alambre de Tungsteno o de Molibdeno con un radio de curvatura de alrededor de $1\mu m$. Al operar el microscopio tunel se forma entonces una "minipunta" que permite la captación de imágenes por resolución atómica. El ajuste de la muestra se efectúa igualmente aprovechando el efecto piezoeléctrico, esto mediante una placa de piezocerámica unida con "patas de sujeción" electrónicas. Las condiciones UHV son necesarias, en menor medida, para la operaración del microscopio y, en mucho mayor medida, para la obtención de imágenes de la superficie-objeto. Debido a que la corriente tunel no depende de d, sino que también depende de ϕ (ϕ depende, en tanto que magnitud específica del manterial, de la función de trabajo de los electrones), una modificación de la composición química simularía una inexistente estructura superficial de la muestra. Por tanto, partiendo de (1) la divergencia logarítmica de la corriente de túnel hacia d es directamente proporcional a la raiz de ϕ:

$$\frac{d}{dd} ln J_T \sim \sqrt{\phi}$$

Esta magnitud es electronicamente fácil de formar mediante una modulación de d, durante el proceso de exploración. Por consiguiente, utilizando el microscopio tunel son posibles no solo informaciones sobre la topografía de la superficie, sino también sobre la estructura química de la superficie investigada.

A causa de la exactitud mecánica, la totalidad del sistema debe de quedar instalado libre de sacudidas o vibraciones.

Información obtenible:

- Imágenes con resolución atómica de superficies de cuerpos sólidos incluyendo otros resultados que de ello se deriven.

- Por ejemplo, investigaciones de estructura real (reconstrucción de superficies).

5.1.3 Resolución

La resolución de la imágen se logra en dimensiones atómicas.

5.1.4 Ejemplos

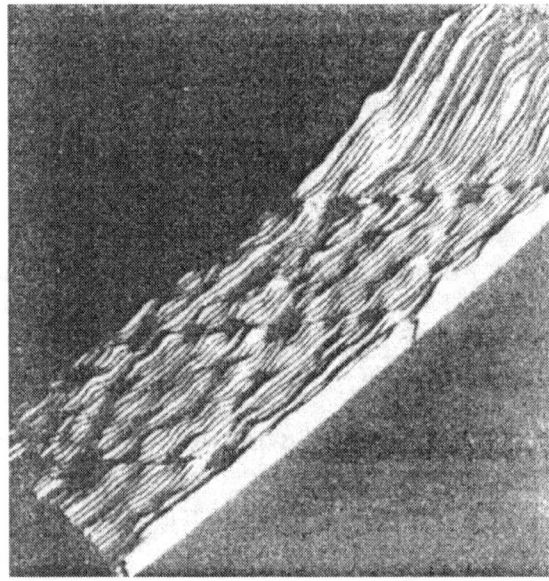

Imagen STM de una superficie Si(111) de Silicio monocristalino con una recostruccin (7 x 7). Se reconoce claramente dos celdas elementales romboedricas (según Binnig et al. 1983).

5.1.5 Bibliografía

Binnig, G y H. Rohrer: *Scanning tunneling microscopy.*, IBM J. Res. Dev 30 (1986) 355

Binnig, G., Rohrer H., Gerber Ch. y Weibel E.: *Surface studies by scanning tunneling microscopy.*, Phys. Rev. Lett. 49 (1982) 57

Binnig, G. y H. Rohrer: *Scanning tunneling microscopy.*, Helv. Phys. Acta 55 (1982) 726

Baratoff, A.: *Theory of scanning tunneling microscopy-methods and approximations.*, Physica B 127 (1984) 143

Binnig, G. y H. Rohrer: *Scanning tunneling microscopy.*, Surf. Sci. 126 (1983) 236

Briggs G. A. D., Fisher A. J.: *STM experiment and atomistic modelling hand in hand: individual molecules on semiconductor surfaces*, North-Holland Amsterdam 1999

Bryant, A., D.P. E. Smith y C. F. Quate: *Imaging in real time with the tunneling microscope.*, Appl. Phys. Lett. 48 (1986) 832

Claypool Ch. L.: *Why molecules look the way they do in STM*, Pasadena, California Inst. of Technology, Ph. D. Thesis, Pasadena 1999

Cohen S. H.: *Atomic force microscopy/scanning tunnelling microscopy 2*, Plenum Press New York, NY 1997

Doyen G. and Drakova D.: *The physical principles of STM and AFM operations*, Wiley-VCH Weinheim 1999

García, N., C. Ocal y F. Flores: *Model theory of scanning tunneling microscopy.*, Phys. Rev. Lett. 50 (1983) 2002

Garcia N.: *STM '86, Proceedings of the first international Conference on Scanning Tunneling Microscopy*, Santiago de Compostela, Spain, North-Holland Amsterdam 1987

Güntherodt H.-J.: *Scanning tunneling microscopy*, Springer-Verlag Berlin 1993

Hattori K.: *Hydrogen-chlorine exchange reaction on Si(111)-7x7 studied with STM*, Tokyo Institute for Solid State Physics, Tokyo 1997

Hattori K.: *Development of UHV-STM/STS at 2 K*, Tokyo Inst. for Solid State Physics, Tokyo 1995

Othmar M: *STM and SFM in biology*, Academic Press San Diego 1993

Pierre D.: *10 years of STM*, North-Holland Amsterdam 1992

Schwarzschild, B.: *Physics nobel prize awarded for microscopics old and news.*, Physics Today 40 (1987) 17

Stoll, E., A. Baratoff, A. Selloni y P. Carnevali, item: *Current distribution in the scanning vacuum tunnel microscope: a free-electron model.*, J. Phys. C 17 (1984) 3073

Tersoff, J. y D. R. Hamann: *Theory and application for the scanning tunneling microscope.*, Phys. Rev. Lett. 50 (1983) 1998

Th. Jemander: *STM studies of overlayers on semiconductor or insulator surfaces*, Univ. Linköping, Dep. of Physics and Measurment Techn., Linköping 2001

Vögeli B.: *STM study of Si-Ge heterostructures grown by magnetron sputter Epitaxy*, Zürich, Swiss Fed. Inst. of Techn. Diss., Zürich 1998

Wirth K. R.: *STM/STS und ARUPS Studie der Wechselwirkung von C 60 Molekülen mit der Ge(111)-c(2x8) Oberfläche*, Stuttgart, Univ. Diss., Stuttgart 1998

5.2 TEM - (High-Resolution) Transmission Electron Microscopy

Microscopía Electrónica de Transmisión (con Alta Resolución)

5.2.1 Principio Físico

Electrones monocromáticos altamente energizados (por ejemplo 100 keV, $\lambda = 0.037$ Å) pasan por un delgado folio-objeto y son posprocesados a través de un sistema inmediatamente anexo de lentes de electrones para convertirlos en una "imagen", misma que puede ser observada en una pantalla luminosa y registrada en una película o placa. En la microscopía electrónica convencional se utiliza para la visualización del objeto o bien el haz primario (electrones que pasan por el objeto practicamente sin interacción) o bien un haz de dispersión. En el primer caso se habla de una imagen de campo luminoso, en el segundo de una imagen de campo oscuro. En ambos casos no se origina ninguna imagen en el sentido de Abbe. La formación del contraste se efectúa mediante absorción de dispersión: en la forma luminosa, todos los electrones dispersados en zonas angulares mayores son mantenidos lejos de la formación de la imagen mediante un llamado "filtro de contraste" en el plano posterior del lente de objetivo. Tratándose de objetos cristalinos se está hablando de contraste de difracción (fig. 5.2, caso a). Con este método de visualización se pueden comprobar fallas constructivas de cristal (desplazamientos, sobreposicionamientos, límites gemelares, límites de grano, cortes), aun cuando su dilatación espacial (grano de desplazamiento) esté por abajo de la capacidad de resolución del microscopio electrónico. Una imagen en el sentido estricto se puede obtener en un microscopio electrónico cuando además del haz que pasa por el objeto sin difractarse se dejan varios rayos de difracción para contribuir a la formación de la imagen (caso de rayo múltiple, fig. 5.2, caso d). Esto puede lograrse mediante la instalación de filtro de tamaño correspondiente en el plano focal posterior del objetivo. En la formación de la imagen se superponen todos los reflejos y se generan estructuras de imagen cuyas distancias pueden estar subordinadas a las frecuencias espaciales correspondientes. Mediante una visualización de este tipo con sólo dos rayos (fig. 5.2, caso c), -1956- por primera vez se hizo visibles planos reticulares y comprobó asimismo desplazamientos. La visualización por rayo múltiple puede ser interpretada como proyección modificada de la estructura cristalina en dirección del rayo incidente de electrones.

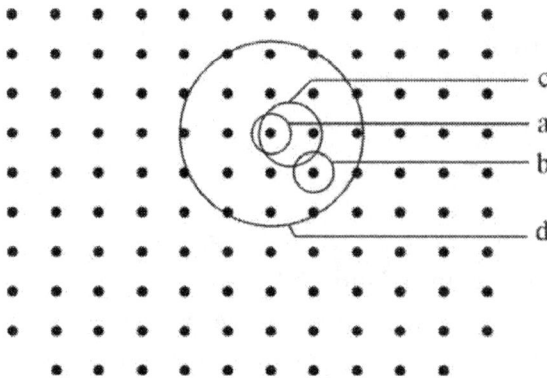

Fig. 5.2 Ubicación del filtro de contraste para a) Visualización por campo luminoso b) Visualización por campo oscuro c) Visualización de plano reticular d) Visualización de retícula cristalina en haz múltiple.

5.2.2 Realización a nivel técnico

Aparatos y condiciones previas de preparacion

Las visualizaciones de órdenes atómicos son posibles con los microscopios electrónicos convencionales en la medida en que la capacidad de resolución del aparato sea lo suficiente buena. Actualmente se alcanzan las capacidades de resolución teóricas de aproximadamente 0.2 ... 0.3 nm.
A fin de llevar a cabo visualizaciones de redes cristalinas o bien de visualizaciones de planos reticulares se requieren folios objeto de los más delgados ($t \approx 20$ nm), ya que si este no fuera el caso la capacidad del microscopio se vería empeorada por procesos indásticos de dispersión múltiple. Para una visualización de rayo multiple, el eje de zona de los planos reticulares en dispersión debe estar alineado exactamente paralelo al rayo incidente de

Métodos Ópticos y de Microscopía

electrones (exactitud de ángulo del goniómetro $\approx 10^{-3}$ rad.). Para el caso de dos rayos es válida esta exigencia sólo para la dirección del vector reticular recíproco $\vec{g}$. Debe de mencionarse que hay que distinguir entre la capacidad de resolución de punto y la capacidad de resolución para la visualización de planos reticulares. Dado que para la visualización de retícula cristalina sólo pocas frecuencias espaciales son las que contribuyen, la capacidad de resolución para la visualización de planos reticulares es mejor considerarla como un factor de 3 en comparación con la capacidad de resolución puntual.

Información obtenible:

- Visualización de planos reticulares.
- Visualización de retículas cristalinas.
- Visualización de defectos cristalinos (1, 2, 3 dimensiones).
- Visualización de clusters atómicos.
- Examen de superficies e interfases.
- Identificación de zonas-objeto multifase.
- Estudio de la no-estequiometría.

5.2.3 Resolución

Actualmente 0.2 ... 0.3 nm

5.2.4 Interpretación, problemas especiales

Interpretación de los resultados

En el caso de visualizaciones sencillas de planos reticulares se pueden correlacionar las distancias de estrías con las distancias de dichos planos. A patir de la distancia de las estrías y de su situación de unas respecto a otras se puede tener información sobre defectos de estructura (desplazamientos, límites gemelares, etc.) y se pueden efectuar pruebas sobre la composición química de la muestra (identificación de cortes mediante la obtención de constantes reticulares). Para el análisis de aglomerados de falla puntual es normalmente necesaria una comparación de tomas experimentales con visualizaciones simuladas por computadora (matching technique), en las que se da un modelo cuyos parámetros son modificados durante un transcurso de tiempo hasta que se alcance una concordancia adecuada entre la imagen experimental y la simulada.

Problemas especiales

Los electrones dispersados no elásticamente actúan limitando la resolución. Se pueden examinar folios-objeto (t > 20 mm) más gruesos si mediante los apropiados sistemas de filtración de energía se eliminan los electrones de dispersión no elástica. El examen de muestras fuertemente sensibles a la radiación se facilita mendiante el empleo de sistemas de almacenamiento de imágenes.

5.2.5 Ejemplos

Imagen TEM de una aleación AlLi, que muestra la formación de bandas de deslizamiento.

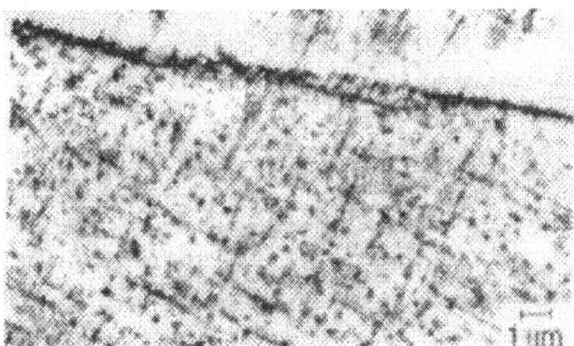

Imagen TEM de una aleación con segregaciones cuasi-coherentes en forma de barritas.

Estructura MOIRE en la imagen TEM de un heterosistema de CaF_2 sobre Silicio.

5.2.6 Bibliografía

Buseck P. R.: *Minerals and reactions at the atomic scale: Transmission Electron Microscopy*, Mineralogical Society of America, Washington D.C. 1993

Henning K . H., Störr M.: *Electron micrographs (TEM, SEM) of clays and clay minerals*, Akademie-Verlag Berlin, Berlin 1986

Höpner A.: *Elektronenmikroskopie an Verbindungshalbleiter-Heterostrukturen*, MPI für Festkörperforschung Stuttgart, Stuttgart 1994

Kaiser S.: *TEM-Untersuchungen von heteroepitaktischen Gruppen III-Nitriden*, Roderer 2000

Klöck W.: *Korrelierte AFM-, SEM- und TEM-Untersuchungen gut charakterisierter Mineralstandards und kosmischer Staubteilchen zur Optimierung der Informationen von AFM-Aufnahmen kometarer Staubteilchen durch das ROSETTA Experiment MIDAS*, Martin-Luther-Universität Halle-Wittenberg, Halle 2000

Kjellsen K. O., Fjällberg L., Skjene T.: *Quantitative analysis of the major phases in sulfate-resistant cement silica fume systems by SEM, 29Si NMR and XRD methods*, Swedish Cement and Concrete Research Institute, Stockholm 1997

Ledoux M. J.: *HRTEM for Catalysis*, Elsevier Amsterdam 1995

Marcus R. B., Sheng T. T.: *Transmission Electron Microscopy of Silicon VLSI Circuits and Structures*, Wiley Interscience, New York 1983#

Pich E. y Heydenreich F.: *Einführung in die Elektronenmikroskopie*, Akad. Verlag Berlin 1966

Reimer R.: *Elektronenmikroskopische Untersuchungs- und Präparationsverfahren (Procedimientos de Preparación y Estudion en la Microscopía Electrónica)*, Springer Verlag Berlin, Hdbg. N. Y. 1967

Rosenauer A.: *TEM-Untersuchung von epitaktischen Grenzflächen in II-VI-III-V-Heterostrukturen*, Roderer 1996

Sunder S. and Miller N. H.: *XPS, XRD and SEM study of oxidation of UO2 by air in gamma radiation at 150C*, Whiteshell Laboratories, Pinawa, Manitoba 1995

You F.: *The preparacion of TEM-foil of observing surface layer of metallic materials by twin-jet*, Shanghai Iron and Steel Research Institute, Shanghai 1997

5.3 ELLIPSOMETRY

Elipsometría

5.3.1 Principio Físico

El principio básico del método se basa en la modificación superficial específica del estado de polarización de una onda de luz estando en reflexión. Este comportamiento es explicable por la teoría ondulatoria y se halla descrita en las ecuaciones de FRESNEL y sus desarrollos subsecuentes por parte de AIRY y DRUDE.
Se aplica a la polarización elíptica (también amortigamiento de amplitud relativo complejo):

$$R = \frac{R_p}{R_s} = \frac{/R_p/}{/R_s/} \cdot exp(i(\delta_p - \delta_s)) = \tan \Psi \cdot e^{i\Delta}$$

siendo:

    R(s,p) - coeficientes de reflexion de Fresnel complejos para la componente oscilante de luz perpendicular (s) y paralela (p) al plano de incidencia,
    δ(s,p) - fases de onda s y onda p
    Ψ - azimut de polarizacion lineal reelaborada (relación de amplitud de la onda s y la onda p)
    Δ - diferencia de fase de la onda s y la onda p.

Poniendo como punto de partida apropiados modelos de superficie se concluye respecto a los parámetros superficial-específicos:

a) Modelo de una superficie libre de capa

$$f(\Psi,\Delta) = f(n_o, N_1, \phi_o)$$

siendo

n_o - índice de refracción del entorno
N_1 - $n_1 - iK_1$ - índice complejo de refracción de la muestra
ϕ_o - ángulo de incidencia

explicitamente se obtiene de la ecuación de Fresnel (1):

$$n_1^2 - K_1^2 = n_o^2 \sin^2 \phi_o [1 + \tan^2 \phi_o (\cos^2 2\Psi - \sin^2 2\Psi \sin^2 \Delta)/A]$$
$$2n_1 K_1 = n_o^2 \sin^2 \phi_o \tan^2 \phi_o (\sin 4\Psi \sin \Delta / A)$$

con:

$$A = (1 + \sin 2\Psi \cos \Delta)^2$$

b) Modelo de una superficie cubierta con una capa homogénea

$$f(\Psi, \Delta) = f(n_o, N_1, N_2, \varphi_o, \lambda_o)$$

siendo:

N_1 - índice complejo de refracción de la capa
N_2 - índice complejo de refracción del sustrato
λ_o - largo de la onda luminosa de medición

5.3.2 Realización a nivel técnico

La fig. 5.3 muestra el principio constructivo de un elipsómetro de compensación. Los aparatos modernos permiten la evaluación automática de la medición mediante elementos constructivos oscilantes o en rotación, así como el correspondiente procesamiento de las señales con apoyo de computadora. La base para todo ello es un goniómetro preciso, cuyos lados llevan los necesarios elementos constructivos ópticos (polarizadores). Como polarizadores se utilizan polarizadores de cristal o folios polarizadores de absorción. Los compensadores son la mayoría de las veces compensadores fijos para 1/4 de la longitud de onda utilizada. Como fuentes luminosas suele emplearse LASER y lámparas de espectro (Hg) junto con filtros de interferencia.

Métodos Ópticos y de Microscopía

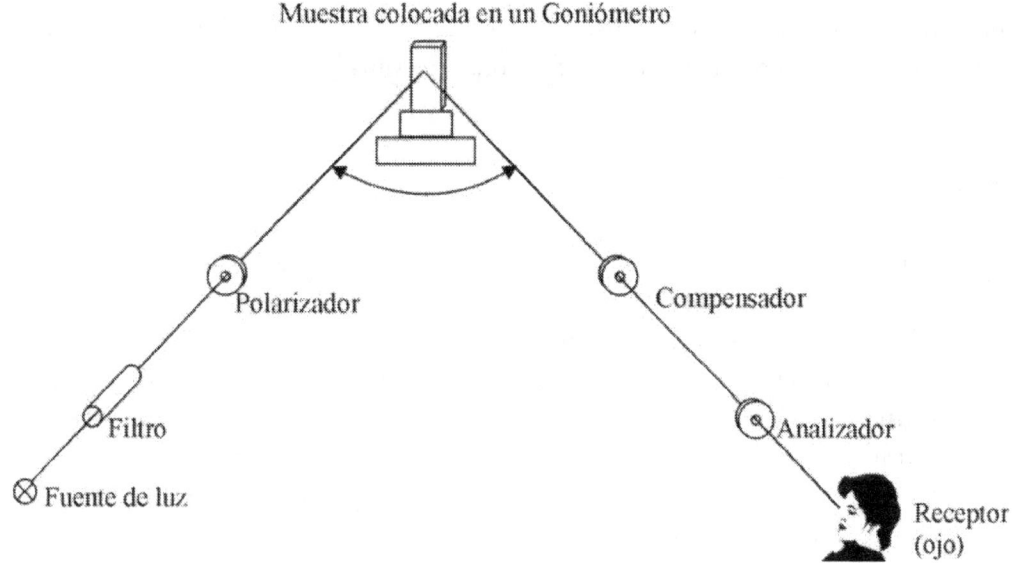

Fig. 5.3 Esquema de un elipsómetro de comparación.

La evaluación de la medición respecto a modelos apropiados de superficie se efectúa, como es lo más conveniente, utilizando programas de computación. Existen en el mercado aparatos comerciales (Cía. Gardner de EE.UU.). También hay en el mercado programas de computación (Por ejemplo, programas **FORTRAN** de McCrackin, USA).

Sonda

En la elipsometría se utilizan ondas electromagnéticas polarizadas y monocromáticas del espectro visual. En casos especiales se utiliza luz infrarroja de hasta 10 μm de longitud de onda.
Son también empleadas fuentes de luz monocromáticas (LASER) o bien fuentes de luz policromáticas con filtro de espectro.

Portador de información

La información sobre los parámetros ópticos (índice complejo de refracción: $N = n - iK$) de la superficie de la muestra es comunicada a un rayo de luz reflejado con un ángulo diferente a 0 mediante la modificación del estado de polarización en comparación con la onda incidente.

Información obtenible

En primer lugar se mide la modificación del estado de polarización p de la luz reflejada en comparación con el estado de polarización P_o de la luz incidente (diferencia de fase Δ y azimut Ψ de la reestablecida polarización lineal). Poniendo como base posibles modelos de superficie (superficie plana, limpia, modelo unicapa, multicapa, etc.) se tienen por este medio informaciones sobre parámetros ópticos y geométricos de la superficie (p.ej. espesor e indice de refracción de capa), así como sobre parámetros químicos (composición mediante reflexión molecular) y otros parámetros físicos que pueden surgir en conjunción con las propiedades dieléctricas (p.ej. propiedades electrónicas). La elipsometría se emplea preponderantemente para la medición de espesores de capa en sustratos metálicos o semiconductores, pero también para la caracterización de superficies en la química y en la biología (química coloidal, exámenes de corrosión, estudios de absorción y procedimientos de solución). Más rara vez, la elipsometría es utilizada para la medición de indices de refracción, ya que estas mediciones resultan equivocadas ante la más minima contaminación de las superficies.
La elipsometria espectroscópica ha sido puesta en practica para la medición de estructuras de banda de capas semiconductoras.

Calibración en la técnica de medición

El ajuste óptico del elipsómetro se efectúa por parte del fabricante. De mayor significación es la exactitud de ubicación de todos los componentes ópticos en el plano de incidencia.
Para la medición, la superficie de la muestra debe de ser ajustada en este plano de incidencia.
A fin de compensar las fallas de ajuste no obstante existentes (incluyendo las fallas de los componentes ópticos) se utilizan como mínimo 4 de los 64 posibles ajustes azimutales de los 3 componentes: polarizador, compensador y analizador (medición de cuatro zonas).

5.3.3 Sensibilidad y resolución

La medida para la sensibilidad del método está en función de su aplicación. Comunmente se tiene como especificación la reproducibilidad de la medición del espesor de capa de un sistema monocapa. Esta debe estar en el orden de magnitud de 2-5 unidades Å(0.2 - 0.5 nm). Es mejor la especificación de la reproducibilidad de medición de fase o de ángulo. Los buenos aparatos alcanzan valores de 0.001 grados.

Resolución lateral

La elipsometría de uso estándar renuncia a una representación del objeto, de modo que la resolución local se determina a partir de la magnitud del punto luminoso de medición.
Las disposiciones especiales con visualización de la muestra (microscopía elipsométrica) cuentan con agrandamientos microscópicos desde muy pequeños hasta muy grandes, con resoluciones del orden de hasta 5 μm.

Resoluciones de profundidad

Un límite de resolución de profundidad sólo puede ser definido cuando se trata de microscopía elipsométrica. En este caso fluctúa en un rango de algunas 10 μm.

5.3.4 Limitaciones, requisitos para la prueba, combinabilidad, interpretación.

Limitaciones:

A causa de la sonda utilizada existe sólo en el caso de muestras sensibles a la luz (p. ej. foto-resinas) el riesgo de la variación de la prueba. El efecto del calor del rayo de medición usual no focalizado es despreciable.

Requisitos para la muestra

La superficie de la muestra debe ser óptico-reflejante y estar libre de contaminaciones. En el área del punto luminoso de medición se requiere de superficies planas y ópticamente homogéneas con planos límite paralelos.
En el caso de muestras transparentes es necesario evitar la reflexión del lado posterior a través de métodos apropiados (muestra en forma de cuña, mateado de lado posterior, cama de inmersión).
Es posible realizar investigaciones in situ, con lo que las influencias de las ventanas de entrada y salida del espacio de la muestra deben de tomarse en consideración.
Como trabajos de preparación son de tomarse en cuenta el pulido y trabajos de limpieza.

Combinaciones típicas con otros métodos

No se conocen combinaciones que puedan denominarse típicas. Las combinaciones de espectroscopía ESCA y AUGER con elipsometría ya han sido descritas.

Información física y confiabilidad de los resultados

Las informaciones sobre los parámetros ópticos y geométricos de la muestra son posibles sólo mediante la adopción de modelos superficiales. Debe de comprobarse siempre, si el modelo adoptado está cerca de la realidad. De otro modo puede darse el caso de que estemos cometiendo notables fallas de interpretación.

5.3.5 Ejemplo

Planteamiento del problema:

Medición del espesor de una capa óxida de una oblea de silicio.

Métodos Ópticos y de Microscopía

Modelo de superficie:

En capas óxidas naturales, térmicas o anódicas sobre Si puede presuponerse un modelo ideal monocapa. El índice de refracción de Si es $N_2 = 4.05 - i\,0.028$.

Elipsómetro:

Se utiliza un elipsómetro de compensación operable manualmente. Los componentes polarizador y compensador (lambda/4) están colocados en la vía de iluminación y un alalizador en la vía del haz de vigilancia.

Fuente de luz:	Lámpara de vapor de Hg con filtro de interferencia para 546.1 nm.
Ángulo de incidencia:	$70°$
Azimut del polarizador:	$+45°$
Compensación:	visual con placa semisombreada a un mínimo de la intensidad total en sectores iguales.
Tipo de medición	Medición sólo en la primera zona (medición aproximada)
Formulas de evaluación para Ψ y Δ :	(específicas del aparato) Ψ = Azimut del analizador $\Delta = 2 *$ Azimut del polarizador $+ 90°$
Magnitudes de medicion:	A - Azimut = $13.11°$ P - Azimut = $27.90°$
Resultados:	$\Psi = 13.11°$ $\Delta = 145.80$

Mediante un programa se calcula n_1 y d siendo $K_1 = 0$ (ver siguiente tabla) a partir de ecuaciones dadas anteriormente.

Se tiene como resultado: N_1 (índice de refracción de la capa) = 1.65
                                       d (capa homogénea) = 10 nm

Con los valores de medición

$$
\begin{aligned}
N_o &= 1.00029 & &- i\, 0.0 \\
N_1 &= 1.65 & &- i\, 0.0 \\
N_2 &= 4.05 & &- i\, 0.028 \\
\phi_0 &= 70 \text{ gdr} \\
\lambda_0 &= 546.1 \text{ nm}
\end{aligned}
$$

se genera la siguiente tabla:

$d|\text{Å}|$	Ψ	Δ
0	11.75513	179.0376
10	11.77566	175.4972
20	11.82301	171.9745
30	11.89679	168.4830
40	11.99640	165.0351
50	12.12101	161.6424
60	12.26968	158.3150
70	12.44131	155.0614
80	12.63466	151.8886
90	12.84848	148.8019
100	**13.08143**	**145.8052**
110	13.33216	142.9010
120	13.59930	140.0907
130	13.88155	137.3743
140	14.17759	134.7511
150	14.48619	132.2197

Tabla 1 Tabla de evaluación con valores obtenidos por computadora para Ψ y Δ como función de d (espesor de la película)

5.3.6 Bibliografía

Aspnes D. E. y Studna A. A.: *Design of a rotating analyser ellipsometer*, Applied Optics, 14 220 (1973)

Azzam R. M. A. and Bashara N. M.: *Ellipsometry and polarized light*, North-Holland Amsterdam 1999

J. H. W. G. den Boer: *Spectroscopic infrared ellipsometry*, ISBN: 90-386-0017-8, 1995

Röseler A.: *Infrared spectroscopic ellipsometry*, Akademie-Verlag Berlin 1990

Snyder P. G., Rost M. C., Bu-Abbud G. H., Woollam J. A. y Alterovitz S. A.: *Variable Angle of Incidence Spectroscopic Ellipsometry: Application to GaAs-$Al_xGa_{1-x}As$ Multiple Heterostructures*, J. of Appl. Phys., 60 3293 (1986)

Tompkins H. G.: *User's Guide to Ellipsometry*, Academic Press, Boston 1993

Tompkins H. G.: *Spectroscopic ellipsometry and reflectometry*, Wiley New York; Weinheim 1999

Wethkamp T.: *Optical properties of group-III-nitrides in the visible to vacuum-ultraviolet spectral range investigated by spectroscopic ellipsometry*, Mensch-und-Buch-Verlag Berlin 1999

Woolam J. A., Snyder P. G., McCormick A. W., Rai A. K., D, Ingram y Pronko P. P.: *Ellipsometric Measurements of MBE Grown Semiconductor Multilayer Thickness, - A Compartive Study*, J. of Appl. Phys., 62 4867 (1987)

5.4 Métodos de Interferencia

Una onda de luz incidente S es dividida en dos o más haces parciales S_i (i = 1, 2 ..), mismos que en el interferómetro recorren trayectorias ópticas n·s_i de diversa longitud (n = indice de refracción) para luego sobreponerse unos con otros. La amplitud total de las ondas de salida depende de las amplitudes A_i y de las fases

$$\varphi_i = \varphi_o + 2\pi \frac{ns_i}{\lambda}$$

de las ondas parciales y con ello de la longitud de onda λ. Para determinadas longitudes de onda λ_i la diferencia óptica de trayectoria entre haces parciales próximos es un múltiplo numericamente exacto de la longitud de onda n·Δs_i = m λ_m . La diferencia correspondiente de fase es entonces $\Delta\phi$ = m·2π. Los haces parciales en particular se sobreponen constructivamente y se obtiene un máximo de amplitud de salida.

$$\Delta\lambda = (\lambda_m - \lambda_{m+1})$$

es la zona espectral libre. Para la interferometría de dos rayos es típico el Interferómetro de Michelson, para la interferometría de rayo múltiple lo es el Interferómetro de Fabry-Perot. En la espectrometría Laser se puede describir un haz de luz Laser (casi) paralelo, frecuentemente con buena aproximación, mediante una onda plana; esto en tanto el diámetro del haz sea grande respecto a la longitud de onda.

5.4.1 Interferometría

5.4.1.1 Principio físico

El principio básico de la interferometría es la producción de diferentes fases en los rayos de luz adyacentes (haz de referencia y haz objeto) y la subsecuente interferencia de estos haces. Por este medio las diferencias de fase se transforman en diferencias de amplitud (mesurables). Con el interferómetro de Michelson, como ejemplo de una interferometría de dos haces, se produce el haz de referencia de manera independiente a la muestra. Los dos trenes de ondas pueden describirse de manera general en la forma

$$S_i = A_i \cos(\omega t + \vec{k}\vec{r}_i)$$

con ω - frecuencia de circuito, k $= 2\pi/\lambda$ - vector de número de ondas, r_i -dirección de amplitud. Para la intensidad I de traslape se obtiene así:

$$I \sim \sum_i S_i = \frac{1}{2}I_0(1 + \cos\delta)$$
$$\delta = 2\pi\frac{\Delta S}{\lambda}$$

donde δ representa la diferencia de fase. Por este medio se obtiene una imagen máxima-mínima. A partir del desplazamiento de la máxima-mínima se puede uno concluir sobre la diferencia de trayectoria y a continuación sobre diferentes tramos de trayectoria, o bien sobre un perfil de superficie. Partiendo del principio de sobreposición queda claro que el salto máximo o escalón en el perfil superficial no puede ser mayor a $\lambda/4$, ya que de otro modo para la sobreposición se obtiene la misma imagen de interferencia con o sin este salto. La diferencia de paso en el interferómetro de Michelson puede ser seleccionada con un valor grande.

En el Interferómetro Fabry Perot (FPI) se trata de una interferencia de rayo múltiple. En este caso pude utilizarse tanto una placa de vidrio metalizada a ambos lados como también una ranura de aire entre las placas de vidrio en forma de FPI. Este se utiliza principalmente para el análisis de espectro de luz y muy poco (o sólo de manera indirecta) para el análisis de la superficie.

5.4.1.2 Realización a nivel técnico

Tanto el interferómetro de Michelson como el Interferómetro de Fabry-Perot se ofrecen comercialmente sólo para un ámbito limitado a la espectroscopía óptica. El parámetro decisivo para la técnica de medición práctica lo es el contraste K:

$$K = \frac{I_{max} - I_{min}}{I_{max} + I_{min}}$$

La resolución espectral en el interferómetro de Michelson $v/\Delta v$ puede ser hasta de 10^{12}. Para el FPI las magnitudes decisivas son el campo espectral

Métodos Ópticos y de Microscopía

libre $\nu/\Delta\nu = c/2nd$ (d - distancia de placas) y la fineza $F^* = \pi \operatorname{sqrt}\{R\}/(1-R)$ (R - capacidad de reflexión del espejo). La capacidad de resolución se determina entonces como:

$$\frac{\nu}{\Delta\nu} = F^* \frac{\nu}{\delta\nu}$$

con valores típicos de 10^7 - 10^8.

Información obtenible:

- Altura de los escalones y medición del espesor de capa.
- Propiedades y morfología de la superficie.
- Medición de partículas pequeñas.
- Análisis de propiedades de superficie o de volumen mediante análisis de fluorescencia.

5.4.1.3 Sensibilidad y resolución

Sensibilidad:

Se puede detectar hasta $\lambda/200$.

Resolución lateral:

En el ámbito de la longitud de la onda (limitada por la focalidad de la luz).

5.4.1.4 Limitaciones, requisitos para la muestra

Limitaciones:

La muestra sufre si es sensible a la luz o muy sensible al calor.

Requisitos para la muestra:

Las muestras deben ser optico-reflejantes, en caso dado se requerirá de recubrimientos reflejantes.

5.4.2 LORIM - Light-Optical Reflection Interference Microscopy

Microscopía de Interferencia por Reflexión de Luz

5.4.2.1 Principio físico.

El principio básico del método es la producción de distintas fases en haces de luz adyacentes mediante la reflexión en una superficie no homogénea de muestra y la consecuente interferencia de estos rayos con un rayo de referencia en la trayectoria microscópica de los rayos. Por este medio, diferencias de fase no visibles al ojo humano son llevadas a contrastes de amplitud visibles y medibles, con lo que el principio de representación similar al objeto se puede manifestar en toda plenitud.

El rayo de referencia puede producirse tanto sobre la superficie de la muestra como también de manera independiente a ésta, bajo condiciones dadas de coherencia. Se puede ejercer influencia sobre el contraste mediante la variación del ángulo entre el rayo de imagen y el rayo de referencia (con cuña óptica virtual o real) así como mediante la modificación de la ubicación de fase total de ambos rayos con ayuda de compensadores.

Para la discusión de la visibilidad de las manifestaciones de interferencia el contraste microscópico K es

$$K = \frac{I_{max} - I_{min}}{I_{max} + I_{min}}$$

Siendo $I = A^2$ puede argumentarse que:

- Se origina un mayor contraste al ser igual la amplitud de los dos rayos.
- Con $\alpha = 0$ (ningún ángulo entre 1 y 2) se origina un campo visual cuya luminosidad depende de la diferencia de trayectoria.

Métodos Ópticos y de Microscopía

- El contraste depende de λ.

- Debido a que los contrastes dependen de la longitud de onda, al ser aplicada luz policromática aparecen manifestaciones de interferencia a color.

Si en la reflexión se considera una disposición sencilla de placa de vidrio, mediante la microscopía de interferencia puede tenerse la posibilidad de medir diferencias de altura con ayuda del ojo.

En la fig. 5.4 puede verse la muestra de bandas de interferencia en la reflexión de luz hacia un conjunto de placas en forma de cuña. Puede calcularse fácilmente que la distancia de dos máximas o mínimas de interferencia es $L = \lambda/2 \cdot \alpha$.

La fig. 5.5 nos da la modificación de la muestra de barras al efectuarse una profundización en forma de zanja en la capa base. Puede verse que la desviación así producida de la barra de interferencia 1 en relación con L, posibilita una medición de la profundidad de la zanja, con lo que la dirección de la desviación nos indica si se trata de un profundización o de una elevación.

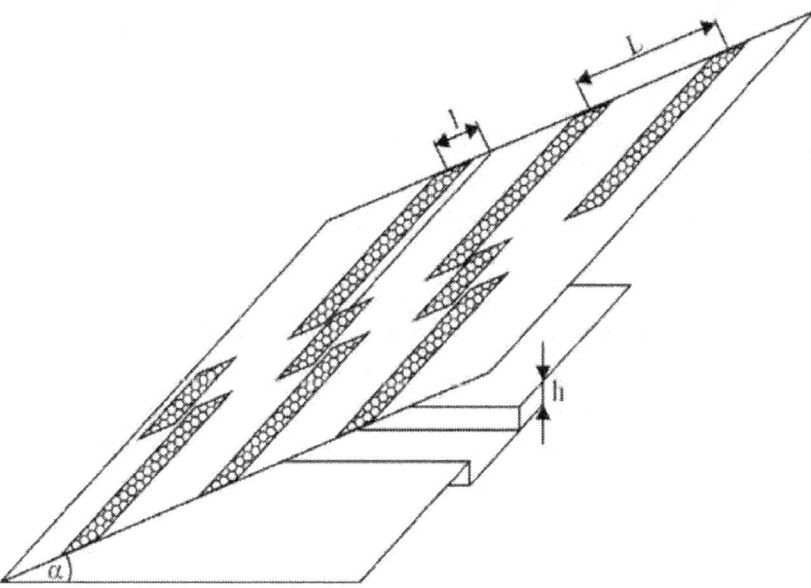

Fig. 5.4 Muestra de barras de interferencia durante la reflexión en placas de vidrio dispuestas en forma de cuña.

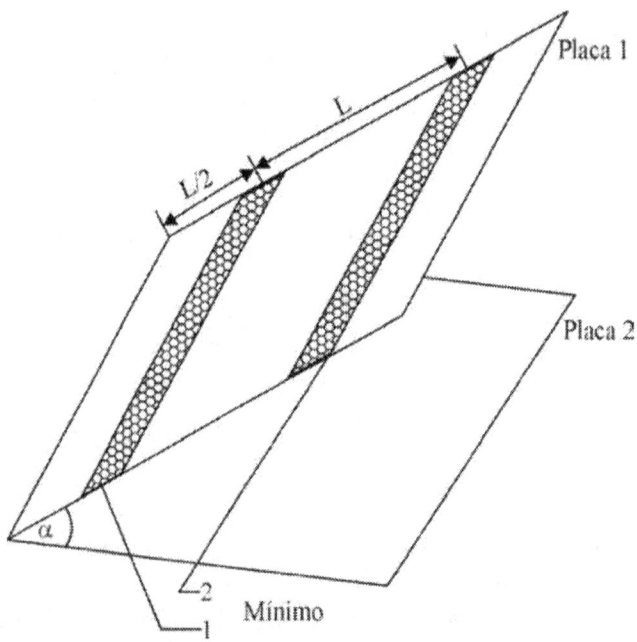

Fig. 5.5 Muestra de barras de interferencia durante la reflexión hacia placas de vidrio como en la fig. 1, con profundizaciones en forma de zanja en la placa 2.

5.4.2.2 Realización a nivel de equipo técnico

Se diferencian dos típos básicos:

a. Microscopías de Interferencia en las que el rayo de referencia no se ve influenciado por el objeto.
a.1 Interferencia en cuña óptica real.
a.2 Interferencia en cuña óptica virtual.
b. Microscopías de interferencia en las que el rayo de referencia se ve influenciado por el objeto o se origina en él.
b.1 Interferencia en la cuña óptica virtual.

Los microscopios con interferencia en la cuña óptica virtual se diferencian respecto a su dirección de aplicación y efectividad, sobre todo por el interferómetro en ellos empleado.
Los interferómetros se diferencian básicamente a partir del tipo de generación de rayo de imagen y del rayo de referencia. Los prismas difusores del rayo se

amplían en relación con compensadores o interferómetros de polarización. La fig. 5.6 muestra la trayectoria de rayo presentada como trayectoria de rayo de luz reflejada en el microscopio de interferencias, según NOMARSKI (interferómetro de polarización).

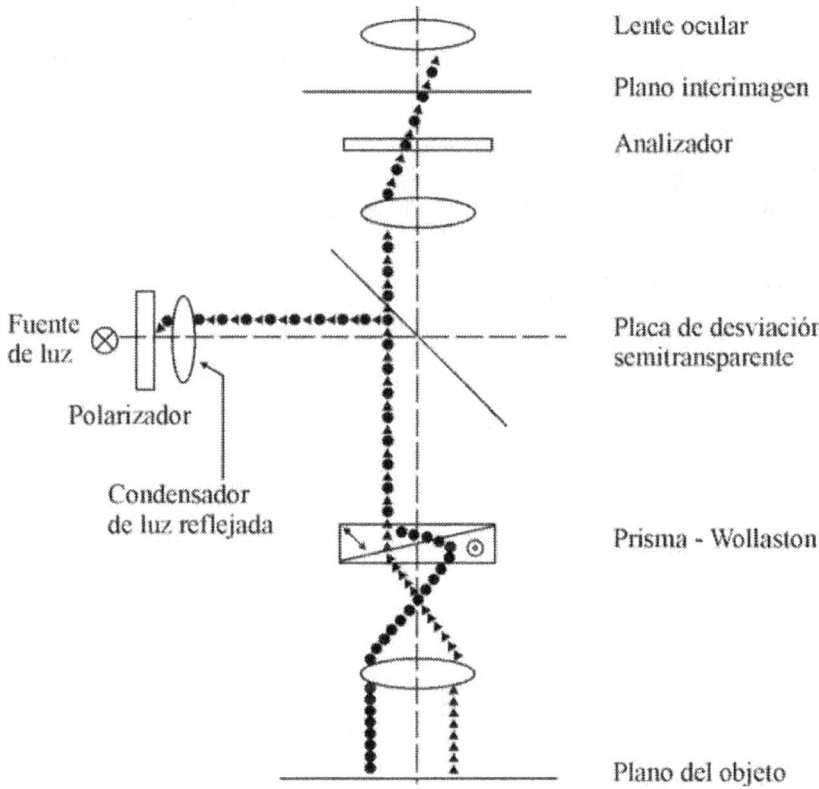

Fig. 5.6 Trayectoria esquemática de rayo en un microscopio de interferencia según NOMARSKI.

Para efectuar mediciones exactas de relieves superficiales se utilizan disposiciones de interferencia de rayo múltiple, o bien instalaciones de microscopio con desdoblamiento total o desdoblamientos de imagen en la zona de resolución microscópica, del llamado procedimiento Shearing (método de barras como también medición de fase en imagen homogénea). El interferómetro de interferencia según NOMARSKI ha probado ser efectivo sobre todo para desdoblamientos pequeños de imagen y alto contraste, en los Microscopios Técnicos de Interferencias TM de Carl Zeiss Jena.

Contenido de la informacion

En primer lugar, mediante la reflexión hacia la muestra se producen sólo fases de índole distinta. Estos saltos de fase pueden ser reducidos a diferencias locales de las constantes ópticas del material así como también a las diferencias de altura de los tipos de reflexión. Los rayos de luz reflejados interfieren con un rayo de referencia en la trayectoria microscópica de los rayos. De esta manera se originan contrastes realmente captables y mesurables con el ojo humano, los cuales reflejan las constantes opticas o dieléctricas del material de la muestra así como la morfología de una superficie (altura de escalones, espesores de capa, rugosidades, etc.).

Informaciones obtenibles:

Los campos de aplicación del método son:

- Mediciones de alturas de escalones y de espesores de capa en superficies de cuerpos sólidos y de fluidos.

- Examen y medición de la morfología de superficies y alabeo de las mismas.

- Medición de partículas pequeñas (polvo, polen, células, gotas, gérmenes cristalinos).

- Contraste de tomas microscópicas.

Sonda

Como sonda se utilizan en la LORIM ondas electromagnéticas en el ámbito espectral de la luz visible (450 ... 750 nm). En casos especiales se consideran ondas cercanas de luz infrarroja y ultravioleta. Se emplean fuentes de luz tanto policromáticas como monocromáticas.

Calibración en la técnica de medición

Los microscopios comerciales de interferencia vienen ajustados de fábrica. El ajuste del interferómetro puede venir también ya puesto o bien debera de ser efectuado por el usuario en correspondencia con el método de medición aplicado. Para ello el fabricante deberá de dar a conocer las especificaciones respectivas.

5.4.2.3 Sensibilidad y resolución

Sensibilidad

La medida para la sensibilidad del método, así como también para la calidad de su realización técnica lo es la diferencia de fase mas pequeña detectable, especificada en partículas de refracción de la longitud de onda luminosa de medición o del espectro de longitud de onda. Dependiendo del método empleado estos valores pueden estar en un rango de 1/10 a 1/200 de la longitud de onda.

Resolución lateral

La resolución lateral de un microscopio luminoso

$$b[\mu m] = \frac{\lambda_o[\mu m]}{2A_{obj}}$$

donde:

b - límite de resolución
λ_o - longitud de onda de la luz
A_{obj} - apertura del objetivo.

Resolución de profundidad

Profundidad de campo del microscopio luminoso (profundidad optica-ondular de foco) es

$$t[\mu m] = \frac{n * \lambda_o[\mu m]}{A_{obj}^2}$$

siendo:
n - índice de refracción válido en el espacio del objeto.

5.4.2.4 Limitaciones, requisitos para la muestra, combinabilidad, interpreción

Limitaciones

Como consecuencia de la sonda utilazada (luz), una muestra se verá cargada sólo si es sensible a la luz (p. ej. fotolaca) o extremadamente sensible al calor (p. ej. gotas pequeñas de fluidos de facil ebullición). Generalmente no es posible una estimación de las temperaturas originadas en el foco.

Requisitos para la muestra

La superficie de la muestra (o bien la cara superior del sustrato o de la capa) debe ser optico-reflejante. Esto es también válido en exámenes de morfología.
Si el objeto no cumple a priori con estos requisitos, pueden intentarse procesos de pulido así como metalizaciones con metales estables, en tanto que las superficies a examinar sólo sean influenciadas de manera definida o insustancialemente.
Los requerimientos geométricos para las muestras son de significación práctica y se ponen mediante el sistema de microscopio luminoso utulizado. No se dan los límites teóricos. Los tamaños típicos de muestra estan en un orden que va de unos cuantos cm^2 hasta mm^2 de extensión superficial y en cuanto a espesor, de algunas μm hasta cm.
Son posibles los exámenes in situ si se garantiza que el medie de inclusión o la ventana de la cámara de la muestra no influencian de manera no conocida las relaciones de fase de la luz de medición.

Combinaciones típicas con otros métodos

No se conoce ninguna combinación típica con otros métodos de superficie.

Confiabilidad de los resultados

La seguridad de los resultados es grande si las condiciones previas para el modelo físico, que sirve de base para la evaluación de las mediciones de fase, están cercanas a la realidad.
Las condiciones previas son: área reflejante de la muestra ópticamente ho-

mogénea (igual salto absoluto de fase); incidencia vertical de luz con superficie de muestra plana y relación de fase conocida en el rayo de referencia. Además de la exactitud de la longitud de onda y de la determinación del recorrido, en la microscopía de interferencia juega un papel decisivo, por lo tanto, la apertura del objetivo lo mismo que la calidad del interferómetro.
La muestra misma actúa sobre los resultados mediante los con frecuencia muy distintos parámetros ópticos de los escalones superiores e inferiores (sobre todo en las mediciones de espesor de capa). Preponderantemente, cuando se trata de la medición de películas dieléctricas en sustratos conductores o semiconductores pueden aparecer influencias importantes que pueden conducir incluso a malos resultados de la microscopía de interferencia como consecuencia de la multiplicidad de interpretación.

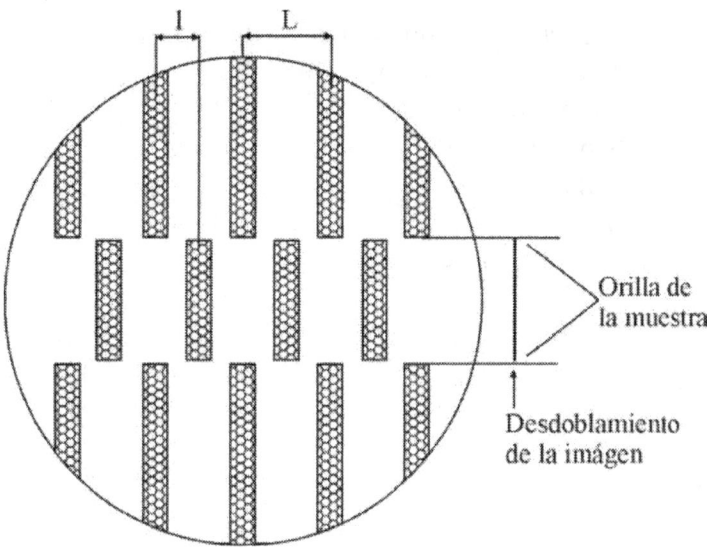

Figura 5.7 Imágen microscópica esquemática para ejemplo de medición.

5.4.2.5 Ejemplo de medición

Tarea:	Medición de un espesor de capa.
Aparato:	Microscopio INTERPHAKO de Carl Zeiss Jena.
Método de medición:	Método de barras en total desdoblamiento de la imagen (luz blanca). El ajuste del interferómetro se efectúa según las especificaciones del fabricante.
Muestra:	Escalón en una capa crecida de óxido (por aplicación posterior de acidación) y capada con aluminio, a fin de garantizar una identidad óptica de la superficie superior e inferior del escalón.
Evaluación:	La fig. 5.7 muestra la imagen microscópica de manera esquemática. Con el auxilio de un micrómetro ocular se obtiene la distancia entre dos máximas de interferencia (límite sensible rojo-azul). La parte esencial para la luz de medición está en los 580 nm.
	Con el mismo micrómetro ocular se determina la desviación.
Medición:	$L = \lambda/(2\cdot\alpha) = 108$ partes de la escala
	$l = 42$ partes de la escala
Fórmula de evaluacion:	$h = (\lambda/2)\cdot(1/L)$
Resultado:	$h = 113$ nm

5.4.2.6 Bibliografía

Amra C.: *Advances in optical interference coatings*, SPIE, Bellingham, Wash. 1999

Beyer H.: *Theorie und Praxis der Interferenzmikroskopie*, Akademische Verlagsgesellschaft, Leipzig 1974

Goodman M.: *Optical interference method for the approximate determination of refractive index and thickness of a transparent layer*, Appl. Optiks 17 (1978) 2779/2787

Harrick N. J.: *Determination of Refrective Index and Film Thickness from Interference Fringes*, Appl. Optics 10 (1971), 2344/2349

Miyamoto Y.: *Measurement of ultrafast optical pulses with two-photon interference*, Inst. for Solid State Physics. Univ. Tokyo, Tokyo 1992

Tolansky S.: *Multiple Beam Interferometry of Surfaces and Films*, Oxford 1948

5.5 Espectroscopia Laser para Analisis y Control de Procesos

5.5.1 Principio físico

Al irradiar una superficie puede haber remoción de material (ablación laser), con lo que dependiendo de la longitud de onda del laser utilizado, predomina o bien la vaporización térmica (con laser CO_2) o bien el proceso fotoquímico por disociación (con laser excimero). Con el auxilio de la espectroscopía laser se puede distinguir entre ambos procesos y con ello controlar el proceso de ablación laser (control de proceso).

Para ello se determinará espectroscópicamente, a partir del espectro de excitación de las partículas emitidas por la superficie, la identidad de los átomos, moléculas o fragmentos mediante la comprobación de la fluorescencia o de las líneas Raman (longitud de onda, anchura de línea incluyendo perfil de linea, intensidad).

Puede además medirse la distribución de velocidad de las partículas emitidas por la superficie a través del perfil doble de sus líneas de absorción, así como la distribución interna de energía a partir de la relación de intensidad de diferentes pasos de oscilación de rotación (Dreyfus, Jasinski et al., 1986). Durante la aplicación de laser pulsado para la ablación es también posible una medición del tiempo de fuga, con lo que se determina la velocidad de las partículas a partir del intevalo de tiempo entre el impulso de ablación y el impulso laser de la muestra.

5.5.2 Realización a nivel de aparatos técnicos

Hasta ahora no se tiene comercialmente disponible un espectrómetro para este objeto. Mas bien, se tiene sólo conocimiento de construcciones de laboratorio orientadas al problema.

Mientras que en el caso del grafito las moléculas emitidas están completamente termalizadas, en la ablación de aislantes como Al_2O_3 se establece qua las moléculas Al_2O_3 evaporadas poseen una energía cinética de aproximadamente 1 eV con una 'temperatura de rotación' de sólo 500 K, queriendo esto decir que predomina el proceso fotoquímico (Dreyfuss, Walkup et al., 1986). En el caso de CVD el radical SiH_4 juega un papel importante. Dicho radical tiene bandas de absorción en zonas visibles del espectro (vis), por lo que con ayuda de laser comerciales de color pueden ser adecuadamente espectrocopiados. Con la espectroscopía por resolución del temporal o espectral puede, por ejemplo, examinarse cómo se forma SiH_2 en la fotodisociación ya sea mediante laser UV o mediante multifotodisociación con laser IR a partir de compuestos estables de Si, así como investigarse qué papel juega en la formación de enlaces no saturados H en Si amorfo (Jasinski et al., 1984).

5.5.3 Bibliografía

Calasso I. G.: *Photoacoustic and photothermal laser spectroscopy applied to trace gas detection and molecular dynamics*, Hartung-Gorre, Konstanz 1999

Demtröder W.: *Laser spectroscopy Basic concepts and instrumentation*, Springer-Verlag Berlin; Heidelberg 1998

Mantz A.W.: *Tunable diode laser spectroscopy 1998*, Elsevier, Amsterdam 1999

Prior Y.: *Methods of Laser Spectroscopy*, Plenum Press New York 1986

Tura J. M. i Soteras: *Estudi per tècniques físiques d'anàlisi (SEM, EDX, SIMS, LAMMA, XRD I XRF) de microcristalls exògens i endogens I de traces metàlliques en patologia humana*, Inst. d'Estudis Catalans Barcelona, Barcelona 1989

Wang Z. J.: *Laser spectroscopy*, World Scientific Publ., Singapore 1998

Literatura (Lectura adicional avanzada)

1. Czanderna, A.W. (ed.): *Methods of bf surface analysis.* Elsevier, Amsterdam 1975.

2. Briggs, D., M.P. Seah (ed.): *Practical Surface Analysis by Auger and photoelectron spectroscopy.* Wiley, Chichester 1983.

3. Benninghoven, A., F.C. Rüdenauer y H.W. Werner: *Secondary ion mass spectronometry.* Wiley Chichester 1983.

4. Oechsner, H. (ed.): *Thin film and depth profile analysis.* Springer, Berlin-Heidelberg 1984.

5. Oechsner, H.: *Secondary neutral mass spectrometry (SNMS) and its application to depth profile and interface analysis.* In [4], 63-84.

6. Oechsner,H.: *Recent application of secondary neutral mass-spectrometry for quantitative analysis of homogeneous and structured samples.* Nucl. Instrum. Methods, Phys. Res. B33 (1988) 918- 925.

7. Brundle, C.R.: *The application of electron spectroscopy to surface studies.* J. Vac. Sci. Technol. 11 (1974) 212-224.

8. Seah, M.P.: *A Review of quantitative Auger electron spectroscopy.* Scanning electron microsc. (1983) 11 521-536.

9. Hall, P.M. y J.M. Morabito: *Matrix effects in quantitative Auger analysis of dilute alloys.* Surf. Sci. 83 (1979) 391-405.

10. Shimizu, R. u. S. Ichimura: *Quantitative analysis by AES.* Toyota Foundation Res. Rep., 1-006 No. 76-9175, Osaka 1981.

11. Seah, M. P.y W. Dench: *Quantitative electron spectroscopy for surfaces: a standard data base for electron inelastic mean free path in solids.* Surf. Interf. Anal. Vol.1, Nr. 1 (1979) 2-11.

12. Bauer, H.F. H. Seiler: *The limitation of lateral resolution in scanning Auger microscopy by radiation damage.* Electron microsc. 3 (1980) 214-215.

13. Palmberg, P.W.: Quantitative Auger electron spectroscopy using elemental sensivity factors. J. Vac. Sci. Technol. 13 (1976) 214-218.

14. Siegbahn, K.: Electron spectroscopy for chemical analysis (ESCA). Phil. Trans. Roy. Soc. Lund A 268 (1970) 33-57.

15. Fellner-Feldegg, H. et al: New developments in ESCA instrumentation. J. Electron Spectrosc. Rel. Phenom. 5 (1974) 643- 689.

16. Pellin, M. et al.: Trace surface analysis with pico-coulomb ion fluences: Direct detection of multiphoton ionized iron atoms from iron-doped silicon targets. Surf. Sci. 144 (1984) 619-637.

17. Coburn, J.W., E. Taglauer y E. Kay: Glow-discharge mass spectrometry technique for determining elemental composition profiles in solids. J. Appl. Phys. 45 (1974) 1779-1786.

18. Lipinski, D. et al.: Performance of a new ion optics for quasi-simultaneous secondary ion, secondary neutral, and residuel gas mass spectrometry. J. Vac. Sci. Technol. A3 (1985) 2007-2017.

19. Müller, K.H., K. Seifert y M. Wilmers: Quantitative chemical surface, in-depth and bulk analysis by secondary neutral mass spectrometry (SNMS). J. Vac. Sci. Technol. A3 (1985) 1367- 1370.

20. Oechsner, H., W. Rühe y E. Stumpe: Comparative SNMS and SIMS studies of oxidized Ce and Gd. Surf. Sci. 85 /1979) 289-301.

21. Oechsner, H. u. E. Stumpe: Sputtered neutral mass spectrometry (SNMS) as a tool for chemical surface analysis and depth profiling. Appl. Phys. 14 (1977) 43-47.

22. El Gomati, M.M., A. P. Janssen, M. Prutton y J.A. Venables: The interpretation of the spatial resolution of the scanning Auger Microscope. Surf. Sci. 85 (1979 309-316.

23. Hofmann, S.: Practical surface analysis: State of the art and recent development in AES, XPS, ISS and SIMS. Surf. Interf. Anal. 9 (1986) 3-20.

24. Weissmann, R. y K. Müller: Auger electron spectroscopy - A local probe for solid surfaces. Surf. Sci. Rep. Nr.1 (1981) 251.

25. Müller, K.: How much can Auger electrons tell us about solid surfaces. Springer Tracts Mod. Phys. 77 (1975) 97-125.

26. El Gomati, M.M., M. Prutton, B. Lumb y C.G. Tuppen: *Edge effects and image contrast in scanning Auger microscopy: A theory experiment comparison.* Surf. Interf. Anal. 11 (1988) 251.

27. Mair, G.L.R. y T. Mulvey: *Scanning electron microsc.* (1985) III 959.

28. Chabala, J.M., R. Levi-Setti, S.A. Bradley y K.R. Karosek: *Imaging microanalysis of silicon nitrid ceramics with high resolution scanning ion microprobe.* Appl. Surf. Sci. 29 (1987) 300-316.

29. Briggs, D. y M.J. Hearn: *Sub-micro molecular imaging. A viability study by time-of flight SIMS.* Surf. Inter. Anal. 13 (1988) 181-185.

30. Levi-Setti, R.Y.L. Wang y G. Crow: *Scanning Ion microscopy elemental maps at high lateral resolution.* Appl. Surf. Sci. 26 (1986) 249-264.

31. Zehnpfennig, J. et al.: *Molecular surface imaging with a high mass resolution TOF-SIMS scanning microprobe.* In: A. Benninghoven, K.T.F. Janssen, J. Tümpner y H.W. Werner (ed): Secondary ion mass spectrometry, proceeding of SIMS VIII, Wiley & Sons, Chichester (1992) 501-504.

32. Drummond, I.W., T.A. Cooper y F.J. Street: *Four classes of selected area SPS (SAXPS): An examination of methodology and comparision with other techniques.* Spectrochem. Acta. 40B (1985) 801-810.

33. Zalar, A., S. Hoffmann y A. Zabkar: *Multiple-point depth profiling of multilayer Cr/Ni thin film structures on a rough substrate using scanning Auger microscopy.* Thin Solid Films 131 (1985) 149-194.

34. Carter, G., J.J. Nobes, G.W. Lewis y C.R. Brown: *The effects of surface topography evaluation on sputter profiling depth resolution in Si.* Surf. Interf. Anal. 7(1985) 35-40.

35. Oechsner, H.: *Ion beam induced effects in thin-film analysis.* Fresenius Z. Anal. Chem. 314 (1983) 211.

36. Hofmann, S., J.M. Sanz: *Depth resolution and quantitative evaluation of AES sputtering Profiles.* In [41] 141-156.

37. Zalar, A.: *Improved depth resolution by sample rotation during Auger electron spectroscopy depth profiling.* Thin Solid Films 124 (1985) 223-230.

38. Werner, H.W. u. P.R. Boudewign: *A comparison of SIMS with other techniques based on ion-beam solid interaction.* Vacuum 34 (1985) 83-101.

39. Magee, C.W., W.L. Harrington y R.W. Honig: Secondary ion quadrupole mass spectrometer for depth profiling-design and performance evaluation. Rev. Sci. Instruments 49 (1978) 477.

40. Wittmaack, K., J.B. Clegg: Dynamic range of 10^6 in depth profiling using secondary-ion mass spectrometry. Appl. Phys. Lett 37 (1980) 285-287.

41. Criegern, v.R., I. Weizel y J. Fottner: In A. Benninghoven, J. Okano, R. Shimizu y H.W. Werner (ed.): Improvements in the routine depth profiling of doping elements, secondary ion mass. spectrometry SIMS IV. Springer Ser. Chem. Phys. Bd. 36, Springer, Berlin 1984 308-310.

42. Bachmann, G., H. Oechsner y J. Scholtes: Analysis of thin films for industrial applications with a scanning Auger microprobe. Fresenius Z. Anal. Chem. 329 (1987) 190-194.

43. McLaren, S.w., C.M. Loxton, E. Sammann y C.J. Kiely: High sensitivity plasma-based sputtered neutral mass spectrometry depth profiling of zinc-implanted GaAs. J. Vac. Sci. Technol. A7(1989) 17-20.

44. Wucher, A., H. Oechsner: Depth scale calibration during sputter removal of multilayer system by SIMS. Fresenius Z. Anal. Chem. 333 (1989) 470-473.

45. Taglauer, E. y W. Heitand: Surface analysis with low energy ion scattering. Appl. Phys. 9 (1976) 261-275.

46. Pech, H.: Ionenreflexionsspektroskopie. In: O. Brümmer et al. (ed.): Handbuch festkörperanalyse mit elektronen, ionen und röntgenstrahlen. Vieweg, Braunschweig/Wiesbaden 1980, 345-356.

47. Chu, W.K., L.W. Mayer, M.A. Nicolet: Backscattering spectrometry. Academic Press. New York, San Francisco, London 1978.

48. Broekaert, J.A.C.: State of the art of glow discharge lamp spectrometry. J. Anal. At. Spectrosc. (1987) 537-542.

49. Boumans, P.W.J.M.: Studies of sputtering in a glow discharge for spectrochemical analysis. Anal. Chem 44 (1972) 1219-1228.

50. Winchester, M.R., C. Lazlk y R.K. Marcus: Characterization of a radio frequency glow discharge emission source. Spectrochem. Acta 46 B (1991) 483-499.

51. *Pons-Corbeau, J., J.P. Moreau, R. Berneron y J.C. Charbonnier: Quantitative surface analysis by glow discharge optical Spectrometry. Surf. Interface Anal. 9 (1986) 21-25.*

52. *Koch, K.H., D. Sommer u. D. Grunenberge: Internal quantification of glow discharge optical spectroscopy-depth profiles of oxide and nitride layers on metals. Mikrochim. Acta (Wien), Suppl. 11 (1985) 137-144.*

53. *Bengtson, A: A contribution to the solution of the problem of quantification in surface analysis work using glow discharge atomic emission spectroscopy. Spectrochim. Acta 40 B (1985), 631-639.*

54. *Bengtson, A. y M. Landholm: Surface analysis with the glow discharge lamp; state of the art and prospects for further development. J. Anal. At. Spectrom. 3 (1988) 879-882.*

55. *Bengtson, A., A. Eklund, M. Lundholm, A. Saric: Further improvements in calibration techniques for depth profiling with glow discharge optical emission spectrometry. J. Anal. At. Spectrom. 5 (1990) 563-568.*

56. *Harrison, W.K., K.R. Hess, R.K. Marcus y F.L. King: A glow discharge mass spectrometry. Anal. Chem. 58 (1986) 341-356.*

57. *Jakubowski, N., D. Stüwer y G. Tölg: Improvements of ion source performance in glow discharge mass spectrometry. Int. J. Mass spectrom. Ion Proc. 71 (1986) 183-197.*

58. *Jakubowski, N., D. Stüwer y W. Vieth: Performance of a glow discharge mass spectrometer for simultaneous multielement analysis of Steel. Anal. Chem. 59 (1987) 1825-1830.*

59. *Hall, D. y N.E. Sanderson: Qualitative depth profiling by glow discharge mass spectrometry. Surf. Interface Anal. 11 (1988) 879-882.*

60. *Duckworth, D.C. y R.K. Marcus: Radio frequency powered glow discharge atomization/ionization source for solids mass spectrometry. Anal. Chem. 61 (1989) 1879-1886.*

61. *Duckworth, D.C. y R.K. Marcus: Sampling an RF-powered glow discharge source with a double quadrupole mass spectrometer. Appl. spectroscopy 44 (1990) 649-655.*

62. *Lowing, T.J. y W.W. Harrison: Dual-pin cathode geometry for glow discharge mass spectrometry. Anal. Chem. 55 (1983) 1526-1630.*

63. Bach, H., F.G.K. Baucke: Investigation of glasses using surface profiling by spectrochemical analysis of sputter-induced radiation. J. Amer. Ceram. Soc. 65 (No. 11, 1982) 527-539.

64. Park, R.L. y J.E. Houston: Recent developments in appearance potential spectroscopy. Surf. Sci. 48 (1975) 80-98.

65. Kirschner, J. y P. Staib: Disappearance potential spectroscopy. Appl. Phys. G (1975) 99-109.

66. Scheid, L.H.: Neue entwicklungen auf dem gebiet der bremsstrahlungs-isochromatenspektroskopie. Fortschr. d. Phys. 31 (1983) 6.

67. Dose, V.: Ultraviolett bremsstrahlung spectroscopy. Progr. in Surf. Sci. Nr. 3 (1983) 15.

68. Breuer, K. y H. Zscheile: Energieverlust-elektronenspektroskopie. In: O. Brummer et al.: Handbuch festkörperanalyse mit elektronen, zonen und röntgenstrahlen. Vieweg, Braunschweig/Wiesbaden 1980 281-294.

69. Ibach, H. (ed.): Electron spectroscopy for surface analysis. Springer, Berlin, Heidelberg New York. Topics in current physics. Vol. 4 (1977).

70. Jahrreiss, H.: Austrittsarbeit in kohlrausch. Praktische physik 2 (1985) 802-809.

71. Bachmann, C., H. Oechsner y J. Scholtes: Surface analysis by work function measurements in a scanning Auger microprobe. Fresenius Z. Anal. Chem (1987) 329, 195-290.

72. Bachmann, G., W. Berthold y H. Oechsner: Work function spectroscopy as a tool for thin film analysis. Thin Solid Films 174 (1989) 149-154.

73. Ertl, C. y J. Küppers: Low energy electrons and surface chemistry. Verlag Chemie, Weinheim 1974.

74. Pendry, J.B.: Low energy electron diffraction. Academic Press, London 1974.

75. Brückner, J.: Beugung schneller Elektronen. In: O. Brummer et al.: Handbuch festkiörperanalyse mit elektronen, ionen und röntgenstrahlen. Vieweg, Braunschweig/Wiesbaden 1980, 165-184.

76. Binnig, G. y H. Rohrer: Scanning tunneling microscopy. IBM J. Res. Dev. 30 (1986) 355.

77. *Binnig, C., H. Rohrer, Ch. Gerber y Weibel, E.: Surface studies by scanning tunneling microscopy. Phys. Rev. Lett. 49 (1982) 57.*

78. *Binnig, G. y H. Rohrer: Scanning tunneling microscopy. Phys. Acta 55 (1982) 726.*

79. *Feuchtwang, T.E., P.H. Cutler y N.M. Mickovski: Phys. Lett. 99A (1983) 167.*

80. *Garcia, N., C. Ocal y F. Flores: Model theory of scanning tunneling microscopy. Phys. Rev. Lett 50 (1983) 2002.*

81. *Garcia, N. y F. Flores: Theoretical studies for scanning tunneling microscopy. Physica 127B (1984) 137.*

82. *Lang, N.D.: a) Phys. Rev. Lett 55 (1985) 230; b) Theory of single-atom imaging in the scanning tunneling microscope. Phys. Rev. Lett. 56 (1986) 1164; c) Apparent size of an atom in the scanning tunneling microscope as a function of bias. Phys. Rev. Lett 58 (1987) 45.*

83. *Leavens, C.R. y G.C. Aers: Effect of lattice vibrations on scanning tunneling microscope images of graphite. Phys. Rev. B 38 (1988) 7357.*

84. *Baratoff, A.: Theory of scanning tunneling microscopy methods and approximations. Physica B 127 (1984) 143.*

85. *Chung, M.S., T.E. Feuchtwang y P.H. Cutler: Sphencal tip model in the theory of the scanning tunneling microscopy. Surf. Sci. 187, (1987) 556.*

86. *Stoll, E., A. Baratoff, A. Selloni y P. Carnevali, item: Current distribution in the scanning vacuum tunnel microscope: a free electron model. J. Phys. C 17 (1984) 3073.*

87. *Tersoff, J. y D.R. Hamann: Theory and application for the scanning tunneling microscope. Phys. Rev. Lett. 50 (1983) 1998.*

88. *Tersoff, J. y D.R. Hamann: Theory of the scanning tunneling microscope. Phys. Rev. B 31 (1985) 805.*

89. *Schwarzschild, B.: Physics nobel prize awarded for microscopics old and news. Physics Today 40 (1987) 17.*

90. *Reiss, G.: Rastertunnelmikroskopie (RTM) für Untersuchungen an dünnen Schichten. Vakuum-Technik 38 (19.89) 152.*

91. Besenbacher, F., E. Laegsgaad, K. Mortensen, U. Nielsen y I. Steensgaard: Compact, high-stability, "thimble-size" scanning tunneling microscope. Rev. Sci. Instrum. 58 9 (1988) 1035.

92. Bryant, A., D.P.E. Smith y C.F. Quate: Imaging in real time with the tunneling microscope. Appl. Phys. Lett. 48 (1986) 832.

93. Binnig, G. y H. Rohrer: Scanning tunneling microscopy. Surf. Sci. 126 (1983) 236.

94. Binnig, C.: New developments in scanning tunneling microscopy. Bull. Am. Phys. Soc. 30 (1985) 251.

95. Hamers, R.J., R.M. Tromp y J.E. Demuth: Surface electronic structure of Si(111)(7x7) resolved in real space. Phys. Rev. Lett. 56 (1986) 1972.

96. Becker, R.S., J. A. Golovchenko, D.R. Hammann y B.S. Swartzentruber: Real space observation of surface states on Si(111) 7x7 with the tunneling microscope. Phys. Rev. Lett. 55 (1985) 2032.

97. Kaiser, W.J. y R.C. Jaklevic: Scanning tunneling microscopy study of metals: Spectroscopy and topography. Surf. Sci. 181 (1987) 55.

98. Vancea, J., G. Reiss, K. Bauer, F. Schneider y H. Hoffmann: Substrate effects on the surface topography of evaporated gold films -A scanning tunneling microscopy investigation. Surf. Sci. 218 (1989) 108.

99. Batra, I.P. y S. Ciraci: Theoretical scanning tunneling microscopy and atomic force microscopy study of graphite including tip-surface interaction. J. Vac. Sci. Techn. A6(1988) 313.

100. Ciraci, S. y P. Batra: Self consistent study of confined states in thin GaAs-AlAs superlattices. Phys. Rev. B36 (1987) 6194.

101. Selloni, C.A., P. Carnevalli, C.D. Chen y E. Tosatti: Voltage dependent scanning tunneling microscopy of a crystal surface: Graphite. Phys. Rev. B31(1985) 2065.

102. Batra, I.P., N. Garcia, H. Rohrer, H. Salemink, E. Stoll y S. Ciraci: A study of graphite surface with STM and electronic structure calculations. Surf. Sci. 181 (1987) 126.

103. Soler, J.M., A. M. Baro y N. Garcia: Interatomic forces in scanning tunneling microscopy: Giant corrugations of the graphite surface. Phys. Rev. Lett. 57 (1986) 444.

104. Mamin, H.J., E. Ganz, D.W. Abraham, R.E. Thomson y J. Clarke: Contamination mediated deformation of graphite by the scanning tunneling microscope. Phys. Rev. B34 (1986) 9015.

105. Morita, S., S. Tsukada y N. Mikoshiba: Scanning tunneling microscopy of kish graphite and highly oriented graphite in air. J. Vac. Sci. Techn. A6 (1988) 354.

106. Sarid, D., T. Henson, L.S. Bell y C.J. Sandroff: Scanning tunneling microscopy of semiconductor clusters. J. Vac. Sci. Technol. A6 (1988) 354..

107. Hallmark, V.M., S. Chiang, J.F. Rabolt, J.D. Swalen y R.J. Wilson: Observation of atomic corrugation on Au(111) by scanning tunneling microscopy. Phys. Rev. Lett. 59 (1987) 2879.

108. Hoffmann, H. y J. Vancea: Critical assessment of thickness dependent conductivity of thin metal films. Thin Solid Films 85 (1981) 147.

109. Vancea, J., H. Hoffmann y K. Kastner: Mean free path and effective density of conduction electrons in polycrystalline metal films. Thin Solid Films 121 (1984) 201.

110. Kirtley, J.R., S. Washbum y M.J. Brady: Direct measurement of potential steps at grain boundaries in the presence of current flow. Phys. Rev. Lett. 60 (1988) 1546.

111. Okayama, S., M. Komuro, W. Mizutani, H. Tokumoto, H. Okano, K. Shimizu, Y. Kobayashi, F. Matsumoto, S. Wakiyama, M. Shigeno, F. Sakai, S. Fujiwara, O. Kitamura, M. Ono y K. Kajimura: Observation of microfabricated patterns by scanning tunneling microscopy. J. Vac. Sci. Technol. A6 (1988) 440.

112. Staufer, U., R. Wiesendanger, L. Eng, L. Rosenthaler, H.R. Hidber, H.-J. Güntherodt y N. Garcia: Nanometer scale structure fabrication with the scanning tunneling microscope. Appl. Phys. Lett. 51 (1987) 244.

113. Abraham, D.W., H.J. Mamin, E. Ganz y J. Clarke: Surface modification with the scanning tunneling microscope. IBM J. Res. Dev. 30 (1986) 492.

114. Ringger, M., H.R. Hidber, R. Schlögl, P. Oehlhafen y H.-J. Güntherodt: Nanometer lithography with the scanning tunneling microscopy. Appl. Phys. Lett. 46 (1985) 832.

115. McCord, M.A. y R.F.W. Pease: *The effect of reflected and secondary electrons on lithography with the scanning tunneling microscope.* Surf. Sci. 181 (1987) 278.

116. Schneir, J., O. Marti, G. Remmers, D. Glaser, R. Sonnenfeld, B. Drake y P.K. Hansma: *Scanning tunneling microscopy and atomic force microscopy of the liquid solid interface.* J. Vac. Sci. Techn. A6 (1988) 283.

117. Ehrichs, E.E., R.M. Silver y A. L. de Lozanne: *Direct writing with the scanning tunneling microscope.* J. Vac. Sci. Techn. A6 (1988) 540.

118. Staufer, U., R. Wiesendanger, L. Eng, L. Rosenthaler, H.R. Hidberg, H.-J. Güntherodt y N. Garcia: *Surface modification in the nanometer range by the scanning tunneling microscope.* J. Vac. Sci. Techn. A6 (1988) 537.

119. Heinzelmann, H., P. Grütter, E. Meyer, H.R. Hidber, L. Rosenthaler, M. Ringger y H.-J. Güntherodt: *Design of an atomic force microscope and first results.* Surf. Sci. 189/190 (1987) 29.

120. Binnig, G., C.F. Quate y C. Gerberg: *Atomic force microscope.* Phys. Rev. Lett. 56 (1986) 930.

121. Binnig, G., Ch. Gerber, E. Stoll, T.R. Albrecht y C.F. Quate: *Atomic resolution with atomic force microscope.* Europhys. Lett. 3 (1987) 1281.

122. Binnig, G., Ch. Gerber, E. Stoll, T.R. Albrecht y C.F. Quate: *Atomic resolution with atomic force microscope.* Surf. Sci. 189/190 (1987) 1.

123. Marti, O., B. Drake, S. Could y P.K. Hansma: *Atomic resolution atomic force microscopy of graphite and the "native oxide" on silicon.* J. Vac. Sci. Techn. A6 (1988) 287.

124. Albrecht, T.R. y C.F. Quate: *Atomic resolution with the atomic force microscope on conductors and nonconductors.* J. Vac. Sci. Technol. A6 (1988)271.

125. Martin, Y. y H.K. Wickramasinghe: *Atomic force microscopy of liquid-covered surfaces: Atomic resolution images.* Appl. Phys. Lett. 50 (1987) 1455.

126. Saenz J.J., N. Garcia, P. Grutter, E. Meyer, H. Heinzelmann, R. Wiesendanger, L. Rosenthaler, H.R. Ifidber y H.-J. Güntherrodt: *Observation of magnetic forces by the atomic force microscope.* J. Appl. Phys. 62 (1987) 4293.

127. Martin, Y., D. Rugar y H.K. Wickramasinghe: High-resolution magnetic imaging of domeins in TbFe by force microscopy. Appl. Phys. Lett. 52 (1988) 244.

128. Rugar, D., H.J. Mamin, R. Erlandsson y J. Stem: Force microscope using a fiber-optic displacement sensor. Rev. Sci. Instrum. 59 (1988) 2337.

129. Abraham, D.W., C.C. Williams y H.K. Wickramasinghe: Measurement of in plane magnetization by force microscopy. Appl. Phys. Lett. 53 (1988) 1446.

130. Mamin, H.J., D. Ruger, J. Stem, B.D. Terris y S.E. Lambert: Force microscopy of magnetization patterns in longitudinal recording media. Appl. Phys. Lett. 53 (1988) 1563.

131. Grütter, P., E. Meyer, H. Heinzelmann, L. Rosenthaler, H.R. Hidber y H.-J. Güntherodt: Application of atomic force microscopy to magnetic materials. J. Vac. Sci. Technol. A6 (1988) 279.

132. Pohl, D.W.: SXM-Rastermikroskopien für x-beliebige oberflächeneigenschaften. Physikalische Blatter 47 (1991) 517.

133. Reiss, G., H. Brückl, J. Vancea, R. Lecheler y E. Hastreiter: Scanning tunneling microscopy on rough surfaces -quantitative image analysis. J. Appl. Phys. 70 (1991) 523.

134. Lustenberger, P., H. Rohrer, R. Christoph y H. Siegenthaler: Scanning tunneling microscopy at potential controlled electrode surfaces in electrolytic environment. J. Electroanal. Chem. 243 (1988) 225.

135. Wiechers, J., T. Twomey, D.M. Kolb y R.J. Behm: An in-situ scanning tunneling microscopy study of Au (111) with atomic scale resolution. J. Electroanal. Chem. 248 (1988) 451.

136. Magnussen, O.M., J. Hotlos, R.J. Nichols, D.M. Kolb y R.J. Behm: Atomic-structure of Cu adlayers on Au(100) and Au(111) electrodes observed by in-situ scanning tunneling microscopy. Phys. Rev. Lett. 64(1990) 2929.

137. Kaiser, W.J. y L.D. Bell: Direct observation of subsurface interface electronic structure by ballistic electron-emission Spectroscopy. Phys. Rev. Lett. 60 (1980) 1406.

138. Driscoll, R.J., M.G. Youngquist y J.D. Baldeschwieler: Atomic sacale imaging of DNA using scanning tunneling microscopy. Nature 346 (1990) 294.

139. Amrein, M., I Wang y R. Guckenberger: Comparative study of regular protein layer by scanning tunneling microscopy and transmission electron microscopy. J. Vac. Sci. Technol. B9 (1991) 1276.

140. Beier, W. et al.: Elektronenstrahl-mikroanalyse. In: O. Brümmer, J. Heydenreich, K.H. Krebs, H.G. Schneider: Handbuch festkörperanalyse mit elektronen, ionen und röntgenstrahlen. Vieweg 1980.

141. Castaing, R.: Electron probe microanalysis. In: Adv. Electrons and Electron Physics (1960).

142. Duncumb, P.: Electron penetration and energy losses in solids. proc. sec. Int. Symp. on X-Ray Microanalysis, Stockholm 1959.

143. Colby, J.W.: Quantitative X-Ray Analysis of Thin Insulating Films. Adv. in X-Ray Analysis, 11 (1968) 287.

144. Reed, S.J.B.: Characteristic fluorescence corrections in electron microprobe. Brit. J. Appl. Phys. 16 (1965) 913.

145. Berger, M.J. y S.M. Selzer: Tables of energy losses and ranges of electrons and positrons. NASA Report N654-12506 (1964).

146. Duncumb, P.y P.K. Shields: The present state of quantitative X-ray microanalysis Part I. Brit. J. Appl. Phys. 14 (1963) 617.

147. Bishop, H. E.: Electron penetration and X-ray production. X-ray optics and microanalysis, p. 112, Hermann, Paris 1966.

148. Kelly, R.: Bombardment-induced compositional changes with alloys, oxides, oxysalts and halides. Handbook of Plasma Processing Technology. Noyes Publications, ParkRidge 1989.

149. Grasserbauer, R.: Sekunddär-ionen-massenspektrometrie. In: Angewandte oberflächenanalyse. Springer, Berlin etc. 1985.

150. Wittmaack, K.: Surface and depth analysis based on sputtering. In: Sputtering by Particle Bombardment 3, R. Behrisch y. K. Wittmaack (Ed.) Springer, Berlin etc. 1991.

151. Oechsner, H. (ed..): SNMS and its applications to depth profile and interface analysis. In: Thin film and depth profile analysis, Springer, Berlin etc. 1984.

152. Hofmann, S.: High resolution compositional depth profiling. J. Vac. Sci. Technol. A9, 1466 (1991).

153. Stumpe, E., H. Oechsner y H. Schoof: High resolution sputter depth profile with a low pressure HF plasma. Appl. Phys. 20, 55 (1979).

154. Winterbon, K.B.: Ion implantation range and energy deposition distributions. Plenum Publishing Company, New York 1975.

155. Briggs, D. y M.P. Seah: Practical surface analysis. John Wiley, New York 1985.

156. Handbook of X-Ray Photo electron Spectroscopy. Perkin-Elmer Corporation, Eden Preirie 1979.

157. Komiya, S.: Ultra-high vacuum SIMS. In: SIMS, Proceedings of the 4th International Conference 194, Springer, Berlin etc. 1984.

158. Crieger, R. et al.: Extended SIMS capabilities by sample preparation. Fresenius J. Anal. Chem. 341, 60 (1991).

159. Stingeder, C. et al.: SIMS-tiefenverteilungsanalyse in nichtleitern mit hoher massenauflösung P in SiO_2 Si. Ibid. 329, 207 (1987).

160. Ewinger, H.P., J. Goschnick y H.J. Ache: Analysis of organic compounds with SNMS. Ibid. 341, 17 (1991).

161. Grasserbauer, M. y H.W. Wemmer: Scanning Auger Electron Spectrometry. Analysis of microelectronic materials and devices. J. Wiley, New York, 1991.

ANEXOS

Abreviaciones Anglosajonas

AES	Auger Electron Spectroscopy
AFM	Atomic Force Microscopy
ALE	Atomic Layer Epitaxy
ARUPS	Angular Resolved UPS
BEEM	Ballistic Electron-Emission Microscopy
CBE	Chemical Beam Epitaxy
CVD	Chemical Vapor Deposition
DIC	Differential Interference-Contrast Microscope
DRAM	Dynamic Random Access Memory
EBMA	Electron Beam MicroAnalysis
EDX	Energy-Dispersive X-ray analysis
EELS	Electron Energy-Loss Spectroscopy
ESCA	Electron Spectroscopy for Chemical Analysis
EXAFS	Extended X-Ray Absorption Fine Structure
FABMS	Fast Atom Bombardment Mass Spectrometry
FIB	Focussed Ion Beam
FIM	Field-emission Ion Microscopy
HISEL	High-Speed Electron Lithography
HREELS	High Resolution EELS
HRTEM	High Resolution TEM
IAS	Inelastic Atomic Scattering
ICBD	Ion-Cluster Beam Deposition
IR	InfraRed spectroscopy
ISRS	Ion Scahering and Recoiling Spectroscopy
ISS	Ion-Surface Scattering
LAMMA	Laser Microprobe Mass Analysis
LB	Langmuir-Blodgett
LEED	Low-Energy Electron Diffraction

LIF	*Light-Induced Fluorescence*
MBE	*Molecular Beam Epitaxy*
MOCVD	*Metal-Organic Chemical Vapour Deposition*
MOMBE	*Metal-Organic Molecular Beam Epitaxy*
MOVPE	*Metal-Organic Vapor Phase Epitaxy*
MRAM	*Magnetic Random Access Memory*
NMR	*Nuclear Magnetic Resonance*
OHP	*Optical Heterodyne Profilometer*
PI	*Phase-Shift Interferometer*
PVD	*Physical Vapor Deposition*
RFA	*X-ray Fluorescence Analysis (R-Röntgen)*
rms	*Root mean square*
SEM	*Scanning Electron Microscopy*
SFM	*Scanning Force Microscopy*
SIMS	*Secondary-Ion Mass Spectrometry*
SNMS	*Secondary-Neutral particle Mass Spectrometry*
STM	*Scanning Tunneling Microscopy*
STS	*Scanning Tunneling Spectroscopy*
TDMS	*Thermal Desorption Mass Spectrometry*
TEELS	*Transition Electron Energy Loss Spectroscopy*
TEM	*Transmission Electron Microscopy*
TIID	*Transition Imperfection Induced Desorption*
UHV	*Ultra-High Vacuum*
UPS	*UV-light-excited Photoelectron Spectroscopy*
VERL	*Vacuum Evaporation on Running Liquids*
WFS	*Work Function Spectroscopy*
XPS	*X-Ray induced Photoelectron Spectroscopy*

Constantes Fundamentales

Constante	Símbolo	Valor
Velocidad de la luz en el vacío	c	2.997925×10^8 m s^{-1}
Carga del protón	e	1.602189×10^{-19} C
Carga del electrón	$-e$	1.602189×10^{-19} C
Número de Avogadro	N_A	6.022045×10^{23} mol^{-1}
Constante de Boltzmann	k	1.380662×10^{-23} JK^{-1}
Constante de los gases	$R = N_A k$	8.31441 JK^{-1} mol^{-1}
Constante de Faraday	$F = N_A e$	9.648456×10^4 C mol^{-1}
Constante de Planck	h	6.626176×10^{-34} J s
	$\hbar = h/2\pi$	1.05457×10^{-34} J s
Permitividad en el vacío	ϵ_0	8.854×10^{-12} F m^{-1}
Permeabilidad en el vacío	μ_0	$4\pi \times 10^{-7}$ J s^2 C^{-2} m^{-1}
Magnetón de Bohr	μ_B	9.27402×10^{-24} J T^{-1}
Factor g de Landé para el electrón libre (electron g value)	g_e	2.00232

El alfabeto griego

alfa	A	α	nu	N	ν
beta	B	β	xi	Ξ	ξ
gamma	Γ	γ	omicron	O	o
delta	Δ	δ	pi	Π	π
epsilon	E	ϵ	rho	P	ρ
zeta	Z	ζ	sigma	Σ	σ
eta	H	η	tau	T	τ
theta	Θ	θ	ipsilon	Υ	υ
iota	I	ι	phi	Φ	ϕ
kappa	K	κ	chi	X	χ
lambda	Λ	λ	psi	Ψ	ψ
mu	M	μ	omega	Ω	ω

Prefijos del SI

10^{-18}	10^{-15}	10^{-12}	10^{-9}	10^{-6}	10^{-3}	10^{-2}	10^{-1}	10^{3}	10^{6}	10^{9}	10^{12}	10^{15}	10^{18}
atto	femto	pico	nano	micro	mili	centi	deci	kilo	mega	giga	tera	peta	exa
a	f	p	n	μ	m	c	d	k	M	G	T	P	E

Unidades Básicas del SI

Cantidad física (y simbolo)	Nombre de la unidad SI	Símbolo de la unidad
Longitud (l)	metro	m
Masa (m)	kilogramo	kg
Tiempo (t)	segundo	s
Corriente eléctrica (I)	ampere	A
Temperatura termodinámica (T)	kelvin	K
Cantidad de sustancia (n)	mol	mol
Intensidad luminosa (I_v)	candela	cd

Unidades derivadas del SI que tienen nombres y símbolos especiales

Cantidad física (y símbolo)	Nombre de la unidad SI	Símbolo de la unidad derivada del SI y definición de la unidad
Frecuencia (ν)	Hertz	$Hz \ (= s^{-1})$
Energía (U), entalpía (H)	Joule	$J \ (= kg \ m^2 \ s^{-2})$
Fuerza	Newton	$N \ (= kg \ m \ s^{-2} = J \ m^{-1})$
Potencia	Watt	$W \ (= kg \ m^2 \ s^{-3} = J \ s^{-1})$
Presión (p)	Pascal	$Pa \ (= kg \ m^{-1} \ s^{-2} = N \ m^{-2} = J \ m^{-3})$
Carga eléctrica (Q)	Coulomb	$C \ (= A \ s)$
Diferencia de potencial eléctrico (V)	Volt	$V \ (= kg \ m^2 \ s^{-3} \ A^{-1}) = J \ A^{-1} \ s^{-1}$
Capacitancia (c)	Farad	$F \ (= A^2 \ s^4 \ kg^{-1} \ m^{-2} = A \ s \ V^{-1})$ $= A^2 \ s \ J^{-1})$
Resistencia (R)	Ohm	$\Omega \ (= V \ A^{-1})$
Conductancia (G)	Siemens	$S \ (= A \ V^{-1})$
Densidad de flujo magnético (B)	Tesla	$T \ (= V \ s \ m^{-2} = J \ C^{-1} \ s \ m^{-2})$

OTROS TEXTOS DEL AUTOR

"*Compendio Tecnológico para la Práctica Industrial*", ISBN 968-7763-00-0

Vol. 1, "*Microelectrónica y Diseño de Circuitos Integrados*"
pp. 1... 576, 1994, ISBN 968-7763-01-9

Vol. 2, "*Metrología Industrial: Bases Físicas y Aplicaciones*"
pp. 1... 201, 1995, ISBN 968-7763-02-7

Vol. 3, "*Tecnologías y Sistemas en Alto Vacío*"
pp. 1... 236, 1996, ISBN 968-7763-03-5

Vol. 4, "*Analítica de Interfases y Estructuras de Capas Sólidas*"
pp. 1... 215, 1997, ISBN 968-7763-04-3

Vol. 5, "*Heterosistemas Epitaxiales en la Nanoelectrónica*"
pp. 1... 196, 1998, ISBN 968-7763-05-1

"*Microelectrónica: Materiales y Tecnologías*"
pp. 1... 532, 1999, ISBN 968-863-312-7

"*Tecnología Epitaxial de Silicio*"
pp. 1... 305, 2000, ISBN 3-8311-1438-2

"*Exploraciones en Sólidos*"
Vol. 1: pp. 1... 529, Vol. 2: pp. 1... 433, 2001, ISBN 968-7763-06-X

Indice Alfabético

A

ablación láser	179
adsorbato	27, 45, 93, 133, 134, 136
adsorción	19, 41, 52, 119, 131, 137
Auger	42, 80, 82, 90, 122, 126

B

Berg-Barret-método	95, 97
bombardeo de iones	22, 27, 52, 112
Borrman-efecto	97, 98
Bragg-ecuación	67, 70, 79, 87, 92, 95
bombardeo de átomos rápidos	33

C

coeficiente de absorción	77

D

detector	51, 54, 57, 70, 77, 90
diafragma Debye-Scherrer	69
diafragma Laue	69
difracción de electrones	65, 73, 105, 109
difracción de rayos X	67, 68, 72, 75, 87, 92, 95
difractómetro	70, 71
dispersión elástica	56, 67

E

electrones dispersados	147, 150
elipsometría	155, 157, 158, 160
elipsómetro	156, 157, 158, 161
energía de partículas dispersadas	39, 53
epitaxia por haz molecular	112
espectrómetro de masa	15, 28
espectrometría de masa neutra	27, 32
espectrometría por dispersión de iones	39, 45
espectrómetros	15, 34, 41, 132
espectroscopía de fotoelectrones por rayos X	117
espectroscopía de fotoelectrones por UV	129
espectroscopía por retrodispersión	49
estado de polarización	155, 158
estructura electrónica	39, 42
Ewald -esfera	105, 106, 107, 108

F

factor cinemático	56
factor de ponderación	84
fotoelectrones	117, 120, 123, 128, 129, 131
fotoionización	119, 120, 125, 129, 132
Fresnel -ecuación	155, 156
fuente de iones	18, 28, 34

G

generadores	*49*
goniómetro	*51*
grado de cristalinidad	*52, 62*

H

haz primario	*18 21, 28, 42*

I

interferencia	*15, 20, 23, 29, 67, 72, 77, 87, 90, 92, 100*
interferometría	*165, 176*
iones pesados	*54*
iones primarios	*16, 18, 27*
iones retrodispersados	*49, 52, 56*
iones secundarios	*15, 17, 19, 22, 25*
isótopos	*17, 20, 23*

L

Lang -método o topografía	*95, 96, 101*
LASER	*156, 157, 165 179, 180*

M

microscopía de barrido por tunelamiento	*141*
microscopía electrónica de transmisión	*147*
MOIRÉ -estructura	*151*

N

neutralización	*41, 42*
Nomarski, interferómetro de polarización	*171*

O

oligoelementos	*23*
ondas estacionarias	*87*

P

partículas atomizadas	*27*
partículas neutras	*15, 18, 27, 33, 34*
partículas retrodispersadas	*56*
perfil de profundidad	*24, 57*
piezotensión	*141*
plasma	*28, 29, 30*
polarizador	*156, 158, 161*
profundidad de penetración	*18, 52, 59, 72, 74, 109, 111, 120, 132*
pulverización	*15, 18, 21, 28, 30, 32*
punta de alambre	*143*

R

radiación láser	*130*
RAMAN -líneas	*179*
refracción	*136, 156, 158 161, 165, 173*
rendimiento de fluorescencia	*80, 82, 83, 88, 90, 92*
rendimiento total de electrones	*80, 82, 83*
resolución de profundidad	*20, 21, 27 28, 30, 34*
RHEED oscilaciones	*112*

S

sincrotón 77, 79, 91, 95, 118, 130

T

topografía por difracción de rayos X 95, 100
tunelamiento cuantomecánico -efecto 141

U

UHV -aparatos 55
UHV -condiciones 22, 40, 51, 82, 109, 131, 143
ultra alto vacío 109
UPS -método 122, 129
UV -radiación monocromática 130

V

Van de Graaf- generadores 49

X

XDT -método 95
XPS -método 117
XRD -método 67
XSW -método 87

Reservados todos los derechos. Ni todo el libro, ni parte de él puede ser reproducido, archivado o transferído en alguna forma o mediante algún sistema electrónico, mecánico o fotoreproductivo, memoria o cualquier otro sin permiso por escrito del editor.

Herramientas Analíticas de Interfases Sólidas, de A. Zehe, se terminó de imprimir en el mes de Agosto de 2002 en los talleres de LIBRIS, Norderstedt, Alemania. El tiraje consta de 1000 ejemplares (BoD).

www.ingramcontent.com/pod-product-compliance
Lightning Source LLC
Chambersburg PA
CBHW082327220526
45470CB00008B/2420